日常に
ひそむ
うつくしい
数学

冨島佑允

朝日新聞出版

プロローグ

突然ですが、現代を生きる私たちはみな、ある伝統的な宗教団体に加入しています。その宗教団体の名前って、ご存知ですか？

紀元前６世紀頃のこと、**ピタゴラス**は古代オリエント世界の各地を旅して、数学の秘儀を学んでいました。そして、この世界は数学の法則で動いているという悟りを得ます。彼は、この悟りを教義として伝えるために、宗教団体「ピタゴラス教団」を設立しました。

ピタゴラス教団の教えは、「万物は数学の法則で説明できる」というものです。それをもっと端的に表したのが、有名な**「万物は数である」**という言葉です。この教えが現代科学に引き継がれていることは、言うまでもありません。科学とはまさに、身の回りの出来事を数式で説明する学問だからです。

「科学」全盛の時代に生きる私たちにとって、こういった考えは当たり前に映るかもしれません。けれども、いろいろな現象が数式で説明できること自体は、少しも当たり前ではないのです。

20世紀最大の物理学者と言われるアインシュタインは、「この世界で最も不思議なことは、この世界が理解可能であることだ」と言っています。物理学者にとって“理解可能”とは、“計算可能”と同義です。天才アインシュタインにとって最大の謎は、この世界が数で表せることそのものだったのです。

現代の私たちは、「科学的」であることを正しさの代名詞とみなします。そういう意味で、ピタゴラス教団の一員なのです。「万物は数である」という教義を堅く信じています。科学とは、宗教のようなものなのです。でも、今のところ、数式で説明できない自然現象は一つも見つかっていません。教団の教えに反する事例が出てこないので、信仰心は高まる一方です。外ならぬ私自身も、ピタゴラス教団の熱心な信者と言えるでしょう。

身の回りを見渡すと、日常は不思議なほどに美しい「数」の法則にあふれています。

足し算・掛け算で「4次元ポケット」の中身を見る方法——

ピタゴラスが殺人を犯すほど恐れた奇妙な数――
植物に秘められた数やカタチの法則――

知っているようで知らなかった日常の不思議。身の回りに隠された数の神秘。「日常にひそむ うつくしい数学」を探す旅に出かけましょう。

冨島佑允（ゆうすけ）

日常にひそむ うつくしい数学

目次

CHAPTER.1

かたち

CHAPTER.2

かず

CHAPTER.3

うごき

CHAPTER.4

とてつもなく大きなかず

装幀
杉山健太郎

イラスト
遠山怜
（アップルシード・エージェンシー）
（カバー／本文中に〈T〉と表示）

図表作成
朝日新聞メディアプロダクション
（本文中に〈A〉と表示）

DTP
一企画

CHAPTER. 1

かたち

雪の結晶、シマウマのしましま、巻貝のぐるぐる……。
何気ない日常の「かたち」には、数学の法則が隠されています。
古代ギリシャでは、かたちの秘密を
数学的に解き明かす「幾何学」という学問が盛んで、
宇宙の神秘へ近づくための秘儀とみなされていました。
あのピタゴラスも、数学の教えを秘密裏に伝える
「ピタゴラス教団」を設立し、
幾何学の研究をしていたのです。

「かたち」の法則をひも解けば、
本来なら理解できないはずのことが理解できてしまいます。
例えば、ドラえもんの4次元ポケットをのぞき込んだら、
何が見えるのでしょう？
4次元世界を直接知ることはできませんが、
3次元までの「かたち」の法則を研究すれば、
4次元の「かたち」がどんなものかが分かってきます。
ハチの巣の六角形も、限られた資源から
丈夫で広い部屋を作る数学的な秘密が隠されていて、
あの小さなハチの正体が、
偉大な数学者だったと分かるのです。

本章では、身の回りに隠された、
さまざまな「かたち」の秘密を探っていきます。
自分がピタゴラスになったつもりで、
謎を解き明かしていきましょう！

1-1.

ハチの巣は、なぜ六角形なの？

自然界を観察してみると、いろいろな「かたち」が潜んでいることが分かります。ミツバチの部屋はきれいな六角形ですし、カタツムリや巻貝はうつくしい螺旋（らせん）形の殻を持っています。ほかにも、シマウマのしましまや、雪の結晶の複雑かつ規則的な形など、いろいろ挙げればきりがないぐらいです。でも、どうしてそのような「かたち」になっているのでしょう？　例えば、ミツバチは、なぜ、わざわざ六角形の部屋を作るのでしょうか？　人間の感覚で考えると、四角い部屋のほうが作りやすそうな気がします。

実は、その背景には、ハチならではの「経済学」が隠されています。

ハチの部屋は、ハチミツをためたり、幼虫を育てたりするのに使います。いずれにせよ、なるべく広いに越したことはありません。広ければ、たくさんのハチミツをためることができるし、幼虫にとっても住みやすいからです。

けれども、ハチにとって、巣作りは大変な労力を必要とする作業です。というのも、巣はハチミツからできる蜜蝋(みつろう)というものを使って作られるからです。蜜蝋は、働きバチが食べたハチミツを原料として働きバチの体内で作られ、腹部にある蝋分泌腺(ぶんぴつせん)から汗のように出てきます。働きバチは、その蜜蝋を足で延ばして巣の壁を作っていくのです。10g の蜜蝋を作るのには、なんと、その８倍の 80g のハチミツが必要です。

ここで、ミツバチの世界について少し説明しましょう。蜜を集めるのは働きバチの役目ですが、巣の中には、１匹の女王バチの配下に数万匹の働きバチがひしめいています。ちなみに、働きバチは全てメスです。巣の中には数百匹のオスもいますが、繁殖のためだけに存在していて、働きバチに養われています。

働きバチの寿命は１カ月ほどです。そして、１匹の働きバチが一生のうちに集めることができる蜜の量は、たった４～ 6g ほどに過ぎません。働きバチは、言うなれば、女王バチのために一生を捧げるキャリアウーマン集団というわけですが、彼女たちが一生かかって集める４～ 6g の蜜を全て使っても、蜜蠟は1gも作れないのです。

働きバチは、来る日も来る日も空を飛び回り、花を見つけては少しずつ蜜を集めていきます。土日・祝日などの休みはなく、毎日が営業日です。1匹が集められる蜜は本当にわずかですが、人海戦術を取ることで巣を維持できるだけの蜜を調達しているのです。

蜜を江戸時代の米で考えてみよう

ミツバチにとっての蜜は、人間にとってのお金のようなものです。血のにじむような労働の対価として、ようやく少しだけ得られるものなのです。蜜はハチにとっては食べ物でもありますから、食べ物がお金というと、少し違和感があるかもしれません。けれども、私たちも少し前の江戸時代までは、お米をお金の代わりにして経済活動を行っていました。

現代の私たちの社会では、国の経済規模を表すときはGDP（国内総生産）で表現します。けれども江戸時代には、農民（労働者）や侍（軍事力）の胃袋を支える「お米」の生産高が藩の経済力をそのまま表していて、加賀100万石（1石はお米150キロに相当するので、100万石は年間生産高15万tに相当）などというふうに、お米の生産高で経済力を表現していました。そして農民は、大名への税金をお米で納めていました。いわゆる年貢です。江戸時代の初期は四公六民と言われ、米の収穫高の４割を公に納めることを義務付けられていました。今風に言えば、税率40％だったわけです。江戸中期からは五公五民（税率50％）になったようです。

江戸時代の経済が米によって支えられていたように、ミツバチの経済は蜜によって支えられています。蜜は食料にもなり、巣の材料にもなる、ハチにとっては大変貴重なものです。だからこそ、無駄遣いしないようにしなければなりません。つまり、ハチの巣をつくるときは、次の二つが大切ということです。

①できるだけ広いほうがいい
②少ない材料で作りたい（コストの節約）

私たち人間も、賃貸物件を探すときなどは、限られた予算の範囲内で、なるべく広い部屋を探そうとします。ハチの住居も、同じようにコストと快適さ（広さ）のバランスが大切ということです。みなさんが部屋の形についてハチから相談されたとすると、どんな形を勧めますか？　いろいろと試してみましょう。まずは、円を試してみます。図表１－ａを見てください。

これだと、どうしてもスキマができてしまいます。少しでも部屋を広くしたいのに、スキマができてしまっては、その分のスペースが無駄になります。円はダメそうだということが分かりました。スキマを作らないためには、どんな形がいいのでしょうか？

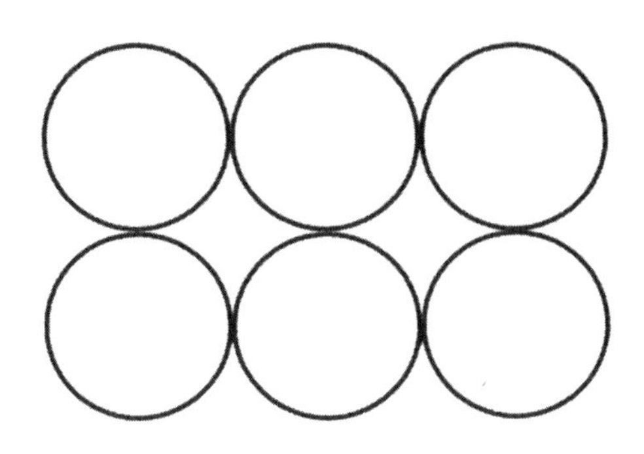

図表1－a　円の場合

〈T〉

実は、**同じ大きさの正多角形を敷きつめる場合、平面をスキマなく埋める図形は、「三角形」「四角形」「六角形」の三つしかない**ことが知られています。このことは、有名な古代ギリシャの哲学者・ピタゴラスによって発見されました。

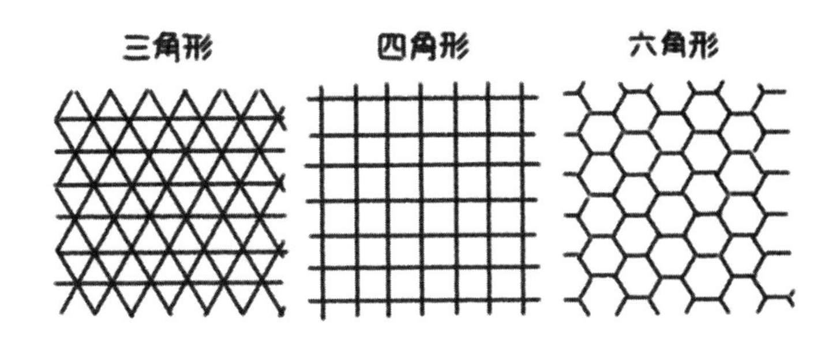

図表１－b　平面をスキマなく埋めることができる図形

〈T〉

ということは、空間を効率よく使うためには、部屋の形は「三角形」「四角形」「六角形」の３通りしかありえないのです。それでは、この三つの中で、最もハチの要求を満たすのは、どの形でしょうか？

ここで、部屋の壁を作るのに蜜蠟が必要だという話を思い出して下さい。**部屋を囲むのにどれだけ広い壁が必要かは、図形の周囲の長さ（外周）で決まっています**。外周が長いと、それだけ広い壁が必要になり、たくさんの蜜蠟を使ってしまいます。部屋の壁の材料である蜜蠟は、限られた量しかありません。その限られた蜜蠟で、できるだけ広い部屋を作りたいのです。ということは、**外周の長さ（＝使わなければならない蜜蠟の量）が同じときに、部屋が一番広くなる図形を選べばいい**のです。

折り紙を使って底面が三角形、四角形、六角形の筒を作ってみると、分かりやすいかもしれません。決まった大きさの折り紙で、なるべく広い部屋を作るのです（図表１－c)。ハチがやっているのは、これと同じようなことです。

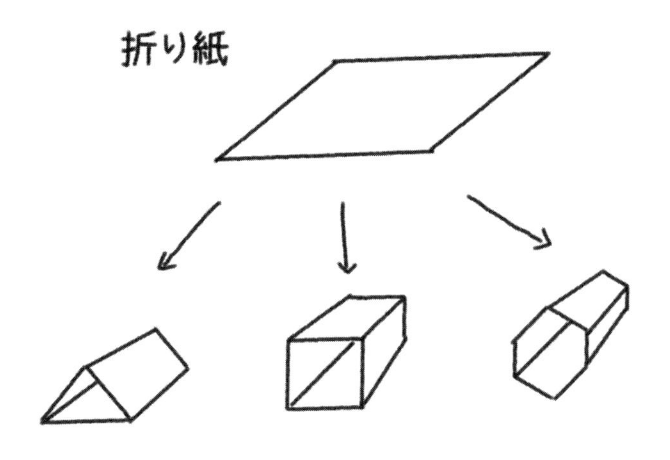

図表１－ｃ　底面が三角形・四角形・六角形の筒

〈T〉

仮に、外周の長さが 12cm と決まっているものとして、三角形、四角形、六角形のそれぞれの場合の面積を求めてみましょう。そうすれば、どの形が一番広くなるかが分かるはずです。

まずは、三角形の場合を考えます。証明は省略しますが、外周の長さが一定の場合、面積が最大になるのは、三角形の３辺の長さがどれも等しい場合、つまり正三角形の時です。正三角形だとすると、外周の長さが 12cm と決まっているので、１辺の長さは 4cm になります。三角形の面積の公式は「底辺×高さ÷２」ですが、今回の場合、底辺は 4cm です。高さは、詳しい説明は省きますが、ピタゴラスの定理を使って計算すると $2\sqrt{3}$cm（$\sqrt{3}$ は「ルートさん」と読み、２回掛

けると3になる数字。具体的には約1.73）となります。よって、面積は、

底辺×高さ÷2 = $4\text{cm} \times 2\sqrt{3}\text{cm} \div 2 \fallingdotseq 4\text{cm} \times (2 \times 1.73)\text{cm} \div 2 = 6.92\text{cm}^2$

となります。

次に、四角形の場合を考えましょう。外周の長さが一定の場合、面積が最大になるのは、四角形の4辺の長さがどれも等しい場合、つまり正方形の時です。正方形だとすると、1辺の長さは3cmですね。つまり面積は、

$3\text{cm} \times 3\text{cm} = 9\text{cm}^2$

になります。三角形のときよりも、面積が大きいですね。

最後に、六角形の場合です。こちらもお約束で、外周の長さが一定の場合は、正六角形が面積最大になります。つまり、1辺の長さが2cmの正六角形の面積を求めればよいのです。まともに計算すると少し複雑なので、公式を使ってしまいましょう。1辺の長さが$a$cmの正六角形の面積は、$\frac{3\sqrt{3}}{2}a^2$となります。よって面積は、

$$\frac{3\sqrt{3}}{2}(2\text{cm})^2 \fallingdotseq \frac{3\times1.73}{2}\times2\text{cm}\times2\text{cm}=10.38\text{cm}^2$$

となり、今までで一番大きな面積になりました。

外周の長さが同じ場合、六角形のときの部屋の広さを100パーセントとすると、四角形の時の部屋の広さは87パーセント（9 ÷ 10.38 = 0.87）、三角形だと67パーセント（6.92 ÷ 10.38 = 0.67）くらいになってしまいます。こんなに差があるなんて、驚きですね。ですから、同じ蜜蠟の量でなるべく広い部屋を作ろうとするなら、六角形が一番適しているのです。

工業製品に応用される「六角形の部屋」

六角形の部屋は、衝撃に強く丈夫なことも分かっています。その証拠に、ハチの巣の壁はとても薄いですが、その中に、何kgものハチミツをためこむことができます。ハチの巣の六角形は**「ハニカム構造」**と呼ばれていて、これを使った素材はとても軽くて丈夫なので、飛行機の翼や自動車のボディ、鉄道の扉などの設計に応用されています。

ハニカム構造の素材が軽くて丈夫なのも、六角形に秘密があります。例えば、金属のフレームを少しでも軽くしようとすると、フレームが強度を失わない程度に穴を開けるという方法が効果的でしょう。穴を開ければ、そこの金属の重さだけ全体が軽くなるからです。フレーム全体の強度は、残っている部分（穴でない箇所）の金属によって支えられています。ですから、何も考えずに穴を開けすぎてしまうと、支える力が足りずに、フレームの強度が下がってしまいます。強度を保ちつつ、なるべく広い穴を開けることができれば、軽くて丈夫なフレームを作ることが可能になります。

発想を逆転させて考えると、**支える部分（残す部分）に用いる金属の量を一定として、穴の面積を最大にすれば、強度を保ったまま極力軽くすることができる**ということになります。では、穴の面積を最大にしたいとき、どのような形の穴を開ければよいでしょうか？

この問題、どこかで見ませんでしたか？　そう、外周（材料である蜜蠟の量）を一定とした場合に、少しでも部屋の面積を大きくしたいというハチの巣の問題と全く同じなのです。今回は、部屋を大きくしたいのではなく、穴を大きくしたいということになりますが、数学的には全く等価です。そして もちろん、答えは「六角形」になります。ですから、丈夫で軽い材料を作りたいときに、ハチの巣の六角形、つまりハニカム構造が活躍するのです。ハチの部屋の形を決めている数学的なメカニズムが、最先端の材料工学の問題にも応用できるなんて、不思議な話ですね。

1-2.

巻貝のぐるぐるは、どうやってできるの？

アサリ、サザエ、アワビ……。貝は海産物の花形ですが、種類によって殻の形はさまざまです。サザエのような巻貝の殻はとぐろを巻いているのに対し、アサリなどの二枚貝は財布のような形をしています。また、アワビは１枚の平たい殻しか持っていません。同じ貝でも、形状はいろいろです。

これだけ形が違うなら、殻のでき方もずいぶん違うのではないかと想像するのが自然でしょう。ところが実は、貝が持つさまざまなタイプの殻は、全て同じ原理で作られています。**貝の殻の形は、等角螺旋（とうかくらせん）と呼ばれる数学的な形状で表すことができます**。等角螺旋は次ページの図表１－ｄのように、**螺旋の中心から外に向かう直線と、螺旋自身の交差する角度が常に一定となる図形**のことを言います。

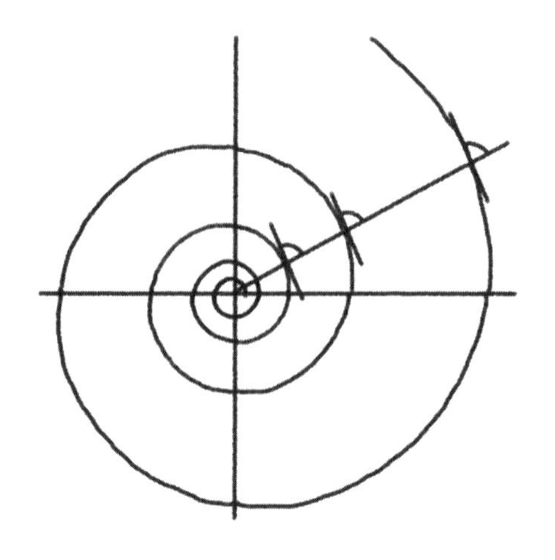

図表1－d　等角螺旋

〈T〉

この等角螺旋を巻貝の形と重ねてみると、見事に一致するのです。

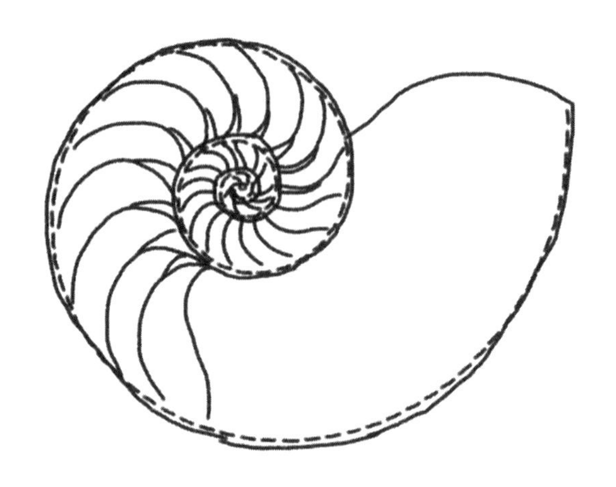

図表1－e　巻き貝の殻の断面

〈T〉

なぜ、巻貝の形が等角螺旋になるのでしょうか？　それは、貝が殻を作るときの方法が関係しています。貝は、カルシウムなどの殻の材料を自分で分泌することで、少しずつ殻を大きくしていきます。そうすることで、体の成長に合わせて住処を大きくしているのです。

このやり方は、とても合理的で経済的だと言えます。体が大きくなるたびに新しい家をゼロから作っていたのでは、貴重な栄養であるカルシウムが無駄になってしまいます。しかし、古い殻に付け足して大きくしていくのであれば、今までの部分も無駄になりません。

螺旋が大きくなっても角度が変わらない等角螺旋のように、**大きくなっても形の性質が変わらない図形のことを相似形と呼びます**。貝の殻が相似形になる理由は、そのほうが貝にとって住みやすいからです。例えば、螺旋の角度が場所によって小さくなったり大きくなったりしていると、殻の中の該当部分が狭くなったり広くなったりしてしまいます。つまり、殻の中が“でこぼこ”になってしまうのです。**貝にとって、中の通路がでこぼこな住処は暮らしにくいため、常に同じ角度を保つように殻を付け加えていくのです。**

二枚貝も等角螺旋!?

この等角螺旋は、一見すると巻貝だけに見られるように思えますが、実際はそうではありません。**アサリなどの二枚貝やアワビなどの一枚貝も、その殻は等角螺旋です**。ただし、二枚貝や一枚貝は、螺旋の角度が大きすぎて巻けていないので、一見すると螺旋には見えないだけです。実際に、角度の大きな等角螺旋をハマグリと重ねてみると、ぴったりと一致します。

図表１－ｆ　ハマグリと等角螺旋

二枚貝は、螺旋の角度が大きすぎて巻けないため、殻をもう一つ作ることで、自分の身を守っています。アワビなどの一枚貝は、殻を一つしか作らない代わりに、岩に張り付くことで反対の面を隠し敵の攻撃から逃れるのです。

中生代には、ぐにゃぐにゃの変な形の殻を持つ「異常巻きアンモナイト」と呼ばれる生き物がいました。当時の日本近海にも、ニッポニテスという名前の異常巻きアンモナイトが生息していたそうです。その化石と復元予想図は図表１－ｇのようなものですが、本当にへんてこりんな形をしていますね。

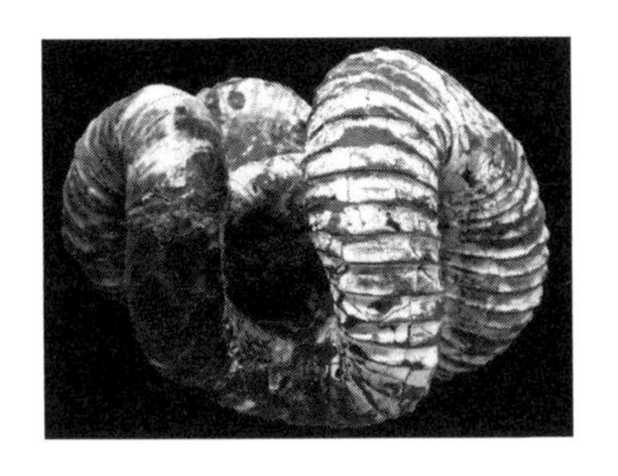
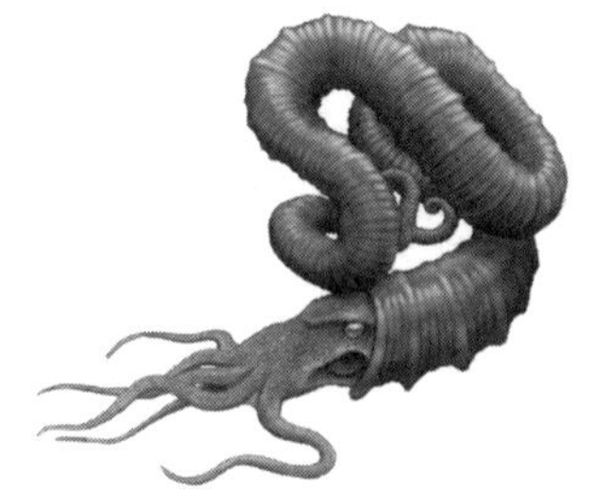

図表１－ｇ　ニッポニテス・ミラビリスの化石（左）と復元図（右）

化石：写真提供＝産業技術総合研究所地質調査総合センター（GSJ F9094）、復元図：© 川崎悟司

化石が発見された当初は、一つの種ではなく、単なるアンモナイトの奇形ではないかと考えられていたそうです。けれども現在では多くの化石が見つかっており、同じ種は同じ巻き方をしていることが分かっています。なぜこのような形になったかは解明されていませんが、何らかの意味で生存に有利だったため、このような形状に進化したのだろうと言われています。

現代の巻貝とは全く違う造りに見えますが、この殻もベースは等角螺旋の構造になっています。通常の巻貝は、分泌物で殻を拡張する際、今までの殻と水平方向に拡張していきます。しかし異常巻きアンモナイトは、垂直方向に少し「ひねり」をいれるような拡張をしていたと考えられています。そのため、殻が水平面に収まらずに立体的になっていくのです。水平方向へは通常の巻貝と同様に等角螺旋で伸ばしていく一方で、垂直方向へのひねり方を周期的に変えていくと、このような形になることが分かっています。

今の時代は、海辺まで探しに行かなくても、種々さまざまな形のうつくしい貝殻が入ったパックを気軽にネット通販で買えます。眺めているだけで癒やされる、この千差万別の貝殻について、もう一歩踏み込んで考えてみると、その形は全て等角螺旋という数学的規則に従っているのです。一見すると関連性の無いように見えるものが、実は簡潔でうつくしい共通の規則に従っているという例は、自然科学の世界では非常に多くみられます。複雑に見える自然現象を、あっと驚くようなシンプルな規則で説明できてしまう驚きと喜びこそが、科学の醍醐味（だいごみ）と言えるでしょう。

1-3.

シマウマは、どうしてしましまなの？

〈T〉

サバンナには多くの種類の動物が生息していますが、なかでもシマウマはひときわ目立つ存在です。真っ白と真っ黒のストライプ柄は、まるでファンタジーの世界から飛び出してきたかのように鮮やかです。クジャクもそうですが、鮮やかな模様や色合いを持つ動物は、私たちの心を惹きつけてやみません。けれども、シマウマはあんなに目立っていて大丈夫なのでしょうか？　普通に考えると、目立つ模様をまとっていると肉食動物に見つかりやすいので、生存には不利な気がします。

実のところ、シマウマがなぜあんな模様を持っているのかは、未だに解明されていません。いくつかの説がありますが、いずれも決め手に欠けています。例えば、次のような説です。

①目くらまし説

シマウマが集団で駆(か)けていると、たくさんのストライプ柄が入り乱れて目がチラチラし、肉食動物を欺(あざむ)くことができるという説です。この説にはピンと来づらいかもしれません。サバンナの草原の中で白黒の動物がうろうろしていたら、どうやっても目立つように思うからです。

けれども、私たち人間は色を識別する能力が高いためにそう感じるのです。**ライオンなどのネコ科の肉食獣は色を識別する能力が非常に弱いので、彼らには世界が白黒テレビの映像のように見えています**。草の緑色も、木の茶色も、花のピンク色もライオンには白黒に見えるのです。ですから、白黒の世界の中でシマウマの白黒ストライプがチラチラすると、確かに目くらましになるのかもしれません。

けれども、この説は確たる証拠に支えられているわけではありません。実際にサバンナでは、ライオンが毎日のようにシマウマの集団に突進していき、哀れな獲物が捕らえられています。本当に目くらましになっているのかはあやしいとも言えそうです。

②体温調節説

次は少し分かりにくい話になるのですが、ストライプが体温調節に役立っているという説もあります。シマウマのストライプは白と黒ですが、**黒い色は熱を吸収しやすく、白は吸収しにくい**ことで知られています。みなさんも小学生の時に、虫メガネで太陽の光を集め、紙に当てて燃やす実験をしたことがあるかもしれません。黒い紙だとすぐに燃え始めますが、白い紙だとなかなか火が付かなかったでしょう。

シマウマの体でも同じようなことが起きていて、太陽の光で黒い部分がより温まる一方で、白い部分はなかなか温まりません。その結果、体の表面に温度差が生じます。そうすると、温度差によって空気の流れが発生し、体を冷やすというのです。シマウマのストライプは扇風機代わりということでしょうか。

この説はとてもおもしろいのですが、白い部分と黒い部分の温度差があまり大きくないため、大して風は起きないという説もあり、はっきりしたことは分かっていません。

③社会的役割説

もう一つの代表的な説として、仲間を見分けやすくするために、目立つ模様になっているというものがあります。確かに、動物の皮膚や毛の色なんてバリエーションが限られていますから、思い切り目立つ柄をしていれば、同じシマウマの仲間を一発で見分けることができて、迷子にはなりにくいかもしれません。シマウマは草食獣なので、集団で肉食獣を警戒することがとても重要になります。仲間からはぐれると、一方的に襲われてしまうのです。

しかし、この説にも疑問があります。サバンナには、シマウマの他にもガゼルやヌーなどの草食獣がたくさんいますが、そのほとんどは目立たない色をしています。けれども彼らは、立派に集団行動をしているのです。仮にこの説が正しいとすると、なぜ他の草食獣は目立つ柄に進化しなかったのかという疑問が生じます。

結局のところ、シマウマがなぜしましまなのかは、未だ謎のままです。それを解明するのは、もしかしたらあなたかもしれません。

それにしても、あのような立派な模様はどうやって作られるのでしょうか？　その話をするまえに、しましまの謎に迫る話を紹介しましょう。シマウマは馬とそこそこ近縁なので、シマウマと馬を掛け合わせて子どもを作ることができます。その子どもは**「ゼブロイド」**と呼ばれしましま模様を持つのですが、シマウマに比べると縞の間隔が狭く、色のコントラストもはっきりしていないことが知られています。馬には縞模様がないので、色のコントラストが下がるのは何となく分かりますが、縞の間隔が狭くなるのはなぜなのでしょうか？

しましまができる仕組み

このような縞模様には、実は細胞レベルの精緻な仕組みが隠されています。その秘密を実験室で確認するためによく使われるのが、縞模様を持つ小さな魚であるゼブラフィッシュです。ゼブラフィッシュは、若いころはハッキリとした模様を持っていませんが、成長するにつれてストライプ柄か水玉柄になっていきます。

例えば、黄色と黒のストライプを持つ種類を買ってきて、その成長過程の皮膚を顕微鏡で見てみると、若い個体は黄色い色素細胞と黒い色素細胞が混ざり合っています。それが成長するにつれて、黄色ばかりの領域と黒ばかりの領域に分かれていきます。よく見ると、黄色い細胞の中にぽつんと黒い細胞があるような場合、しばらくすると黒い細胞は消えてしまいます。これは、黒い細胞が死んでしまったことを意味します。つまり、**黄色い細胞の集団に黒い細胞が紛れ込んだ場合、黒い細胞は黄色い細胞に殺されてしまう**のです。

では黒い細胞にとって、黄色い細胞はいないほうがよいのでしょうか？　そういうわけではありません。黄色い細胞をレーザーで全て殺してしまった場合、残った黒い細胞は無制限に増えるかと思いきや、逆に３割ほどが死んでしまうのです。このことから、黄色い細胞には、黒い細胞の生存を助ける作用もあることが見て取れます。

黄色い細胞は近くにいる黒い細胞を殺してしまう一方で、離れた場所にいる黒い細胞の生存を助ける作用ももっているのです。これは、実家の両親と一人暮らしの息子をイメージすると分かりやすいかもしれません。遠くにいるうちは仕送りなどで支援してくれるけれども、一緒に住むのはイヤ。実際の両親は、都会から出戻ってきた息子を抹殺（まっさつ）したりしないので、あまり良いたとえではないかもしれませんが……。

結局、このような相互作用がある場合、黒い細胞と黄色い細胞はどういう配置に落ち着くでしょうか？　皮膚の表面において、ある場所で黄色が多めだったとすると、その周辺の黒い細胞は殺されてしまう反面、少し離れたところにいる黒い細胞は生存を助けられて増えていきます。その結果、黄色が優勢な部分はますます黄色１色になる一方で、その周辺に黒が優勢な部分ができて、縞模様になっていくのです。

近寄れば殺すけど、離れれば助ける？

黄色の細胞は、二つの作用を持っているということです。近くの黒い細胞を殺してしまうことを**「近接作用」**、遠くの黒い細胞の生存を助けることを**「遠隔作用」**と呼ぶことにしましょう。**縞模様の間隔は、近接作用に比べて遠隔作用がどれくらい遠くまで届くかによって決まります**。近接作用に比べて遠隔作用が遠くまで届くのであればあるほど、より遠くにおいて黒い細胞の集団が成長するので、縞の間隔が広くなります。ちなみに、この比率が１の場合は、近接作用と遠隔作用の勢力圏が重なって打ち消しあうため、しましまは作られなくなります。

シマウマの場合、この比率は10倍です。シマウマと馬を掛け合わせるとしましまの間隔が狭くなるのは、この比率がほぼ１（縞が無い）である馬との掛け合わせによって、比率が大きく低下するからです。

このようなしましま発生の仕組みを世界で最初に提案したのは、イギリスの天才数学者として知られるアラン・チューリングです。彼は、２種類の細胞が近接作用と遠隔作用で影響を及ぼしあうとき、その効果が波のように拡散していき、縞模様や水玉模様を生み出すことを数学的に示しました。チューリングは、この作用のことを**「反応拡散原理」**と名付けています。

反応拡散原理は、シマウマやゼブラフィッシュだけでなく、さまざまな動物の模様において働いていると考えられています。巻貝の殻の模様や、熱帯地域に住むカラフルな魚の模様など。いろいろな生き物の模様が同じ仕組みで作られるなんて、不思議な感じがしますね。

1-4.

雪の結晶は、なぜいろいろな「かたち」をしているの？

冬の季節、空から降ってきて窓に張り付いた雪をじっくり観察したことはありますか？　雪の結晶をよく見てみると、いろいろなパターンの複雑な形をしていることが分かります。そして、どれも六角形で、五角形や七角形はありません。なぜパターンに多様性があって、そしてどれも六角形なのでしょうか？

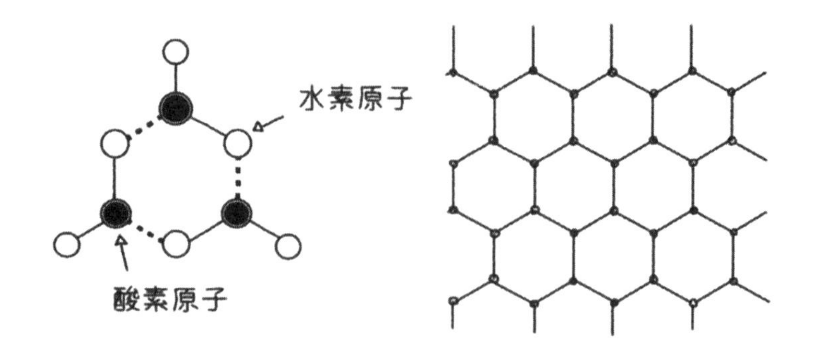

図表１－h　水の分子が雪の六角形をつくる

〈T〉

まず、なぜ六角形になるかを見ていきましょう。雪は水でできていますが、水は、小さな水の分子がたくさん集まったものです。水のことを別名「H_2O」と呼ぶのを聞いたことがあるかもしれませんが、H_2O は、水分子の学問上の正式な名前です。水分子は、酸素原子（化学記号O）の左下と右下に水素原子（化学記号H）が１個ずつくっついたブーメランのような形をしており、O に H が２個なので H_2O と呼びます。

雪が作られるのは、はるか上空の雲の中です。水蒸気を含む空気が上空へ昇っていって冷やされると、雲の中の細かいチリを芯にして水分子が集まり、結晶が成長していきます。水分子が結晶を作るときは、図表１－hのようにブーメランの頭としっぽが電気的な力によって引き合う（図の点線部分）ことで、六角形の形を作りながら集まっていきます。水分子が六角形に集まる性質を持つので、それが集まった雪の結晶も六角形になるのです[*1]。ちなみに、水分子がこのように電気的な力で結合することを**「水素結合」**と呼びます。

実は**雪に限らず、私たちの身の回りにある氷は全て、水分子が六角形に組み合わさって作られています**。レストランのジュースに入っている四角い氷もそうです。では、なぜレストランの氷は六角形でなく四角いかというと、言うまでもなく四角い型に水を流し込んで作っているからです。一方で雪は、型に水を流し込んで作っているわけではありません。空気中のチリを芯として自然に成長していくため、本来の形である六角形が現れるのです。

結晶の形を決めるもの

結晶が成長していくと、雪のもとになる六角形の氷の柱ができあがります。その後、さらに水分子が集まって結晶が成長するのですが、成長の仕方にはいくつかパターンがあることが知られています。大きくは、**横に広がっていくパターン**と**縦に伸びていくパターン**に分けられます。そうやって、さまざまな形の結晶に成長していくのです。

雪の結晶の最終的な形は、周囲の温度や水蒸気の量で決まることが分かっています。雪の結晶にさまざまな形があるのは、はるか上空において結晶が作られた場所の温度や水蒸気

＊1　実は、結晶が六角形になる本当の理由はもっと複雑で、結晶の表面における水分子の安定性を議論しなければなりません。しかし専門的な話になってしまうので、ここでは割愛します。

量がいろいろに異なるからなのです。そのことを世界で初めて解明したのは、実は日本人の科学者でした。北海道大学の**中谷宇吉郎**教授は、1932年に大学教授に就任後、雪の研究を開始しました。十勝岳の山小屋にこもって雪の結晶の写真を3000枚も撮影し、結晶の形を分類したのです。この時の成果は、現在における雪の結晶の国際的な分類基準のもとになっています。

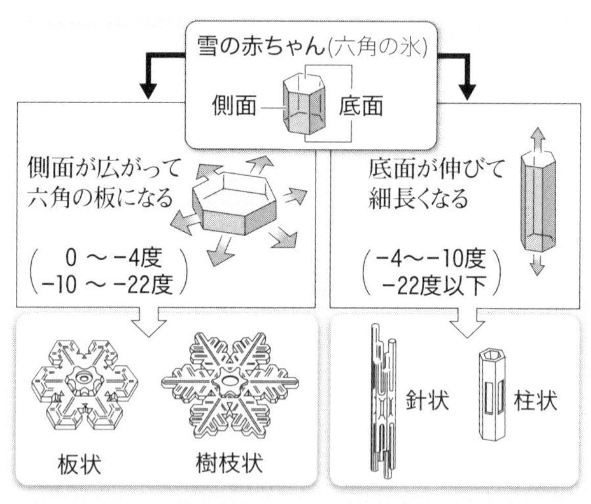

図表1−i　雪の結晶のでき方

朝日新聞2007年1月14日付朝刊「ののちゃんのDO科学　なぜ雪の結晶は六角形?」掲載の図を一部改変。〈A〉

中谷教授は、毎日のように結晶の写真を撮影していく中で、あることに気付きました。**気象条件が変わると、空から降ってくる雪の結晶も形が変わる**のです。そこで、気象条件と結晶の形との関係を実験的に突き止めようとしましたが、そのためには、実験室の中で人工的に雪の結晶を作らなければなりません。それは、当時、世界中の誰も成功したことのない試みでした。

中谷教授は、ガラス管の中に水蒸気を発生させ、それを冷やすことで結晶を作り出すというアイデアを思いつきました。零下50度の常時低温研究室で何度も実験を繰り返し、1936年3月12日、ついに六角形の結晶を作り出すことに成功します。人類が、初めて人工的に雪を作り出した瞬間でした。

中谷教授はさらに、さまざまな気温・水蒸気量の下で結晶を成長させる実験を行い、気温・水蒸気量と結晶の形の関係を解明しました。それが次ページの図表１－ｊです。この図は中谷－小林ダイアグラムと呼ばれています。「小林」は、中谷教授の研究をさらに発展させた小林禎作（こばやしていさく）先生の名前からきています。大雑把に言うと、水蒸気が多いほど結晶の形が複雑になる傾向が見て取れますね。

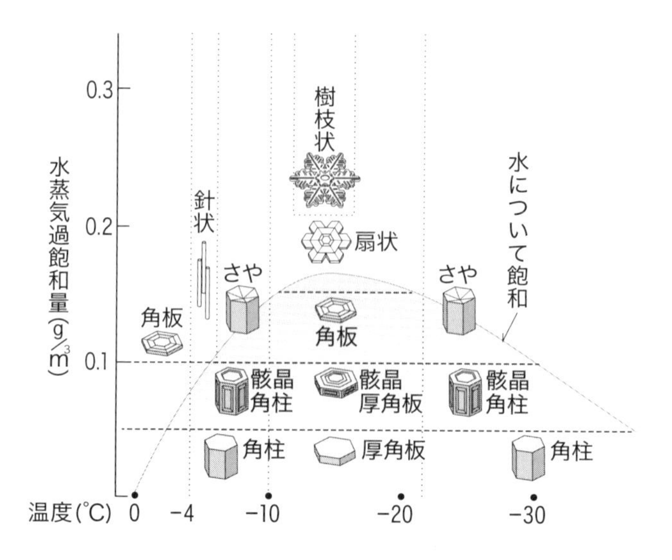

図表1－j　中谷－小林ダイアグラムを元にした気温・水蒸気量と雪の結晶の形の関係

〈A〉

実際に空から降ってくる雪の結晶の形は、中谷－小林ダイアグラムに出てくるものよりもずっとパターンが多く、100種類以上あると言われています。なぜかというと、実際の雪の結晶は、実験装置の中の人工雪と違って雲の中を動いているため、成長している間に周囲の温度や水蒸気量が変わっていくからです。結晶が成長している途中で周囲の気温や水蒸気量が変わっていくため、そこで成長のパターンも変わり、より複雑な形になるのです。

例えば、成長の初期段階において、氷点下30度くらいの水蒸気が少ない場所にいたとすると、結晶は縦に伸びていきます。その途中で、氷点下20度くらいで水蒸気が多い場所に移ったとすれば、今度は六角柱の両端が横向きに広がり始めます。結果として、結晶は鼓型（つづみがた）という、太鼓のような不思議な形になります。

雪の結晶は、小さな六角柱をスタートとして、だんだんと大きく成長していきます。ですから、結晶の中心付近の形状は、結晶が形成された初期の雲の中の状態を表していると考えられます。そして結晶の周辺部は、結晶が完成に差し掛かったころの雲の中の状態を表しています。

雪は天からの手紙

逆に考えると、**空から降ってくる雪の結晶を調べることで、はるか上空の気象状態が分かる**ということです。雲の中が湿っているのか乾燥しているのか、暖かいのか冷たいのかが、雪の形を見ることで推測できるのです。このことから中谷教授は、**「雪は天から送られた手紙である」**という言葉を遺しています。雪の結晶がいろいろな形をしているのは、その形の違いによって、空の上の状況を伝えようとしてくれているからなのです。

ところで、上空の気温や湿度によって結晶の形が変わるのはなぜなのでしょうか？　実は、その謎は未だ完全には解明されていません。難しいコンピューター・シミュレーションによって、結晶の形が生まれる仕組みの一部が分かってきているものの、まだ完璧とは言えないようです。しかし、日本を含む世界中の大学で、日夜研究が続けられています。もしかすると、雪の結晶が形成される仕組みを日本人が解明し、第二の中谷教授が現れる日もそう遠くないかもしれません。

1-5.

草や木の「かたち」に法則はあるの?

木の枝や雪の結晶、地図で見る海岸線など、自然界には複雑な形をしたものがたくさんあります。例えば、紙とペンで海岸線を忠実に描こうとすると、細かく見れば見るほど複雑に入り組んでいて、正確に描くことは到底できないように思えます。その一方で、ビルや道路などの人工的な建築物は、単純な直線や曲線でできた形が多いですね。ビルなんて、ほとんど直線だけで描けてしまいます。**自然の形は複雑、人工の形は単純**と言えそうです。それは、なぜなのでしょうか?

人間は知性を持つから規則的な形を好み、自然界は知性を持たないから無秩序で複雑な形が多いということなのでしょうか? 実際のところ、かつては多くの人がそのような考え方を持っていました。けれども、フランスの数学者**ブノワ・**

マンデルブロは、**無秩序に見える自然界の形に数学的な法則が隠れている**ことを発見しました。

雪の結晶のようなコッホ曲線

例えば、「**コッホ曲線**」と呼ばれる図形を紹介しましょう。図表1－kを見てください。まず直線を描きます（①）。次に、その直線を3等分して、中央の線を1辺とする小さな正三角形を描きます（②）。さらに各辺を3等分して、同じく中央の線を1辺とする正三角形を描きます（③）。

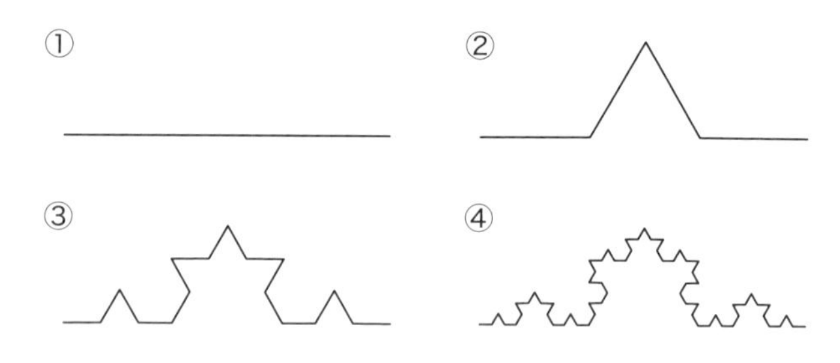

図表1－k　コッホ曲線の作り方

〈A〉

この操作を繰り返していくと、海岸線を思わせるような複雑な図形が現れました（④）。この図形を「コッホ曲線」と呼びます。

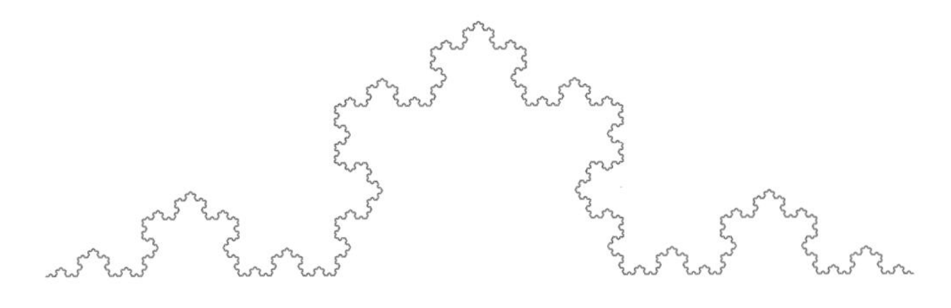

図表1－l　コッホ曲線

〈A〉

正三角形をスタート地点として同じようなことをやると、今度は雪の結晶のような図形になります。この図形は**「コッホ雪片」**と呼ばれています。

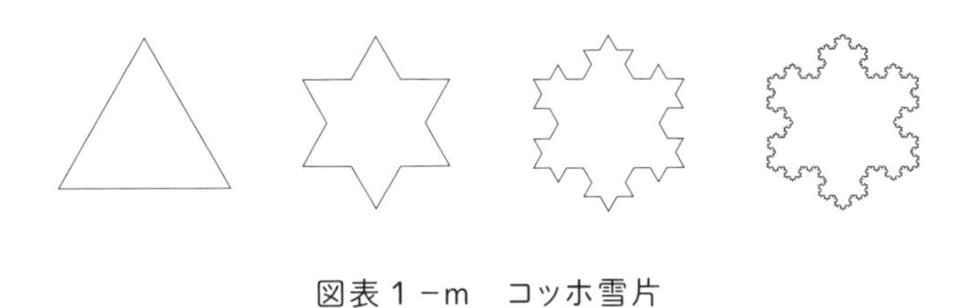

図表1－m　コッホ雪片

〈A〉

単純な操作を繰り返すだけで、自然界で見られるような複雑な図形が描けてしまいました。もしかすると、自然界で見られるカタチは、「繰り返し」を特徴としているのかもしれません。

本物そっくりな数学的シダ

次は、少し難しい例を紹介します。図表1－nを見てください。右側は、植物の一種であるシダの葉の写真です。左側は、ある単純な規則に従ってコンピューターが描いた図形です。とてもそっくりだと思いませんか？

図表１－ｎ　バーンズリーのシダ（左）と本物のシダ（右）

画像：123RF

実は、左側の図形は、図形の全体をコピーし縮小して貼り付けるという操作を繰り返すことで作られています。具体的には、図表１－ｏで示したように、次ページの１）～４）の操作を一定の回数だけ繰り返します。

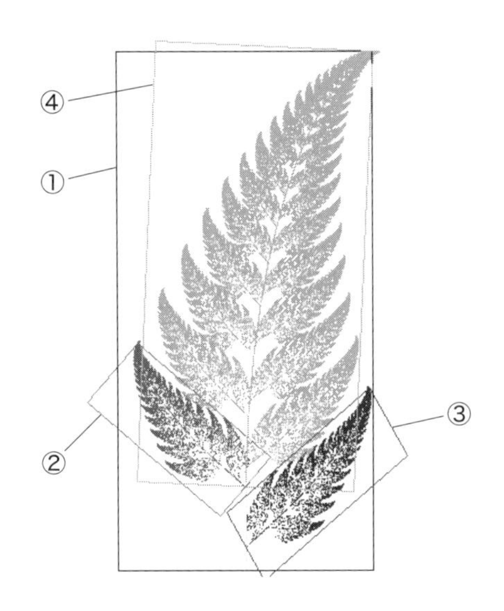

図表1－o　バーンズリーのシダの作成方法

作者：António Miguel de Campos（出典：Wikimedia Commons）

1）下の茎を描画する
2）四角形①内を縮小コピーして四角形②に貼り付ける
3）四角形①内を縮小コピーして四角形③に貼り付ける
4）四角形①内を縮小コピーして四角形④に貼り付ける

たったこれだけの操作で、植物のような複雑な図形ができるのです。コンピューターは、シダの葉を描くようプログラムされていたわけではありません。単に、1）～4）の操作をひたすら繰り返していくと、シダの葉のような図形が自然と生まれてくるのです。この図形は、イギリスの数学者、マイケル・バーンズリーの著書によって広く知られるようになったことから**「バーンズリーのシダ」**と呼ばれています。

コッホ曲線やバーンズリーのシダに共通しているのは、**図形の一部分が図形全体と瓜二つ**という点です。例えば、コッホ曲線の一部を拡大して全体と比べても、全体と区別がつかないほどそっくりです。このように、部分が全体と似ていることを**「自己相似」**といい、自己相似を特徴とする図形のことを**「フラクタル図形」**と呼びます。自然界には、フラクタル図形のものが非常に多いのです。

なかでも有名なのは、カリフラワーの一種であるロマネスコです（図表1－p）。まるで芸術作品のようなうつくしい形状ですが、れっきとした野菜です。この形にも、部分が全体と似ている自己相似の特徴がみられます。私は食べたことがないのですが、どんな味なのでしょうね。

図表１－p　ロマネスコ・ブロッコリー

木の枝にも見られる法則性

部分が全体と似ている図形といえば、木の枝も該当します。木の枝を真っ白な紙の上に置いて、枝先の拡大写真と枝の根元のほうの写真を撮って見比べてみても、どちらが枝先でどちらが根元かを判断するのは難しそうです（白い紙の上に置くのは、背景を手掛かりに判断できないようにするためです）。実際に、木の枝はフラクタル図形だと言われています。

木の枝の図形は、図表１－ｑのような反復操作によって描くことができます。まず、元になる単純な図形（一番左）から出発します。元の図形の枝の部分に、図形全体の縮小版をコピーして貼り付けていきます。それを繰り返すと、枝の先に葉っぱがついたような図形ができあがります。

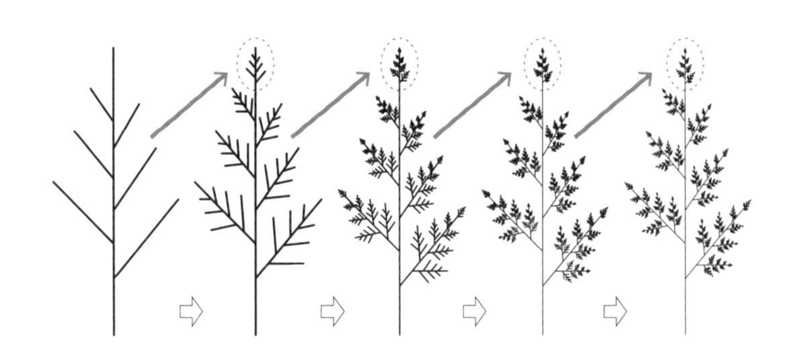

図表１－ｑ　反復操作によって描かれた木の枝の図形

〈A〉

元の図形をＹ字型にしてみると、図表１－ｒのようになります。葉が落ちた冬の枯れ木にそっくりですね。

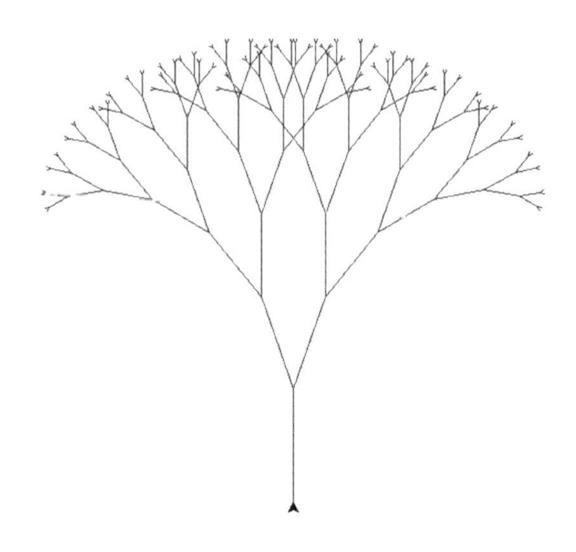

図表１－ｒ　フラクタル・ツリー

ここで挙げた例以外にも、自然界にはさまざまなフラクタル図形が見られます。自然の形は一見不規則なように見えて、実は数学的な法則が隠れていたのです。

フラクタルの考え方は、一時期はコンピューター・グラフィックスの世界で注目されていました。コンピューターゲームでは、山や谷などの大自然をグラフィックスで再現して、その中で主人公が旅をしたり戦ったりします。そこで、自然の地形や植物などをグラフィックスで描く必要があるのですが、不規則な図形を描くことが苦手なコンピューターにとって、自然の景観を再現することは難しい課題でした。しかし、フラクタルの考え方を取り入れれば、簡単な反復計算を用いることで自然に近い地形や植物などが描けるため、コンピューターへの負荷を抑えることができたのです。

　最近では、コンピューターの性能が飛躍的に向上したこともあり、そのような場面でフラクタルを持ち出す有効性はそれほどでもなくなっているようですが、自然界の形に「自己相似」というシンプルな数学的法則を見出したフラクタルの考え方は、今でも芸術の分野などで多くの人を惹きつけています。

1-6.

4次元の「かたち」はどんな感じ？

「4次元」と聞くと、なんだか難しい印象を持つかもしれません。『ドラえもん』の「4次元ポケット」を始めとして、マンガやSFなどを通じて言葉自体は知っているけれども、それが一体何なのかはよく知らないという方がほとんどでしょう。

そもそも、「次元」という言葉からは、専門的でややこしそうな印象を受けてしまいます。けれども、この言葉自体の意味は難しくなくて、単に**「動ける方向がいくつあるか」**を表しています。

私たちが住んでいる世界は「3次元」と呼ばれますが、それは、動ける方向が「左右」「前後」「上下」の3通りだからです。もちろん、右斜め前に動くといったことはできますが、それは、「右」への移動と「前」への移動を組み合わせたものと考えることができます。あるいは、階段を上っていく動作は、「前」への移動と「上」への移動が組み合わさったものです。このように、私たちが住む世界では、物の動きは「左右」「前後」「上下」の３パターンの組み合わせで表すことができます。

それでは、動ける方向が一つしかない場合はどうなるかと言うと、それは「１次元」といいます。直線が１本だけあって、その上しか動けない世界をイメージしていただけると分かりやすいと思います。では、「２次元」はどうかというと、「左右」「前後」には動けるけど、「上下」には動けない世界です。ペラペラの紙の上に世界が存在しているようなイメージです。ちなみに、今いる位置から全く動けない世界は何と呼べばよいでしょうか？　答えは「０次元」です。もちろん、そんな世界がどこかに実在するという証拠はどこにもありませんが、概念上は、そのような世界を考えることができます。

左右・前後・上下、もう一つの方向は……？

では、４次元はどんな世界かというと、**動ける方向が４通りある世界**です。つまり、**「左右」「前後」「上下」以外の、もう一つの方向を持っています**。そんな奇妙な世界が実在するかどうかは分かっていませんが、少なくとも、大学以上のレベルの数学では、４次元の世界について考えることは当たり前のように行われています。それどころか、5次元、6次元、果ては、一般的な表現としてN次元（N = 0, 1, 2, 3, 4, 5, 6, …）を考えたりします。ちなみに、NはNumberの頭文字を取ったもので、整数ならばどんな大きな数も入れてかまいません。数学を使えば、1万次元や無限次元を考えることだってできてしまいます。

このように、「次元」という概念は結構ややこしいのですが、それを分かりやすく、かつおもしろおかしく取り扱った小説としてよく知られているのが、エドウィン・アボット・アボットによる19世紀の小説『フラットランド』（日本語版は竹内薫訳『フラットランド――たくさんの次元のものがたり』、講談社など）です。

2次元の王国フラットランドでは、三角形・四角形・五角形などのいろいろな形の住人たちが住んでいて、その形によって階級が決まっています。三角形より四角形、四角形より五角形と、角の数が多くなるほど社会的な階級が上がっていくのです。そして、最も階級が高いのが円です。なぜならば、図形は角の数が増えていくにつれて形が円に近づいていくので、階級が極限まで上がった先に円があるからです。

あるとき、小説の主人公である四角形は、3次元の世界「スペースランド」からの訪問者である「球」と出会います。しかし主人公は、それが異世界からの訪問者であることがわからず、非常に階級の高い「円」だと思ってしまいます。2次元世界に住む主人公は、3次元の形である球を認識できず、その2次元の断面である「円」に見えてしまうからです。

そして、球が3次元世界についていくら説明しても、主人公は納得しようとしません。「3次元とは、前後・左右以外に、上や下という方向があるのだ」という説明をされても、「『上』や『下』とは何ですか？　方向があるというのなら、具体的にその方向を指差してみて下さい」と聞き返します。球は、この質問に困ってしまいます。球が上や下を指さしても、2次元世界に住む主人公には認識できないからです。

2次元世界の住人が3次元を想像できないように、3次元世界に住む私たちは、4次元を想像することができません。それでは、人類は4次元世界については何も知ることができず、全くのお手上げなのでしょうか？　実は、そんなことはありません。数学者たちは、4次元世界の「かたち」についても多くのことを突き止めています。

4次元の「かたち」を考える

では、4次元の「かたち」について、どうやって考えていけば良いのでしょうか？　私たちは、0次元（点）、1次元（直線）、2次元（面）、3次元（立体）の世界までなら想像できます。ですから、3次元までの「かたち」の性質を調べていくことで、ヒントが摑めるかもしれません。

例えば、立方体について考えてみましょう（図表1－s）。立方体は頂点が八つ、辺が12本、面が六つあります。

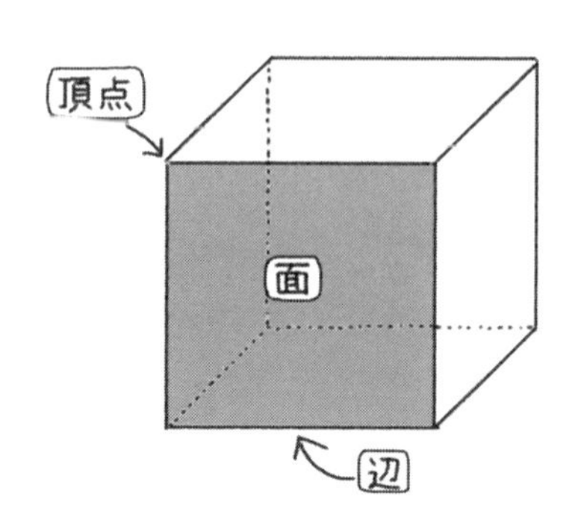

図表1－s　立方体

〈T〉

次に、２次元の場合を考えてみましょう。立方体に相当するものは正方形です。頂点は四つ、辺は４本、面は一つ（図表1－tの正方形そのもの）です。

図表1－t　正方形

〈T〉

同じ要領で、１次元の場合を考えてみましょう。１次元は、ただの直線になってしまいます。ですので、頂点は右端と左端の二つ、辺の数は１本（図表１－ｕの直線そのもの）です。

図表１－ｕ　直線

〈T〉

最後に、０次元の場合です。ここまでいくと、ただの点になってしまうので、頂点は一つ（点そのもの）、辺や面はありません。

今までの結果を表にまとめると、次の通りになります。

次元	呼び方	頂点の数	辺の数	面の数
0次元	点	1		
1次元	直線	2	1	
2次元	正方形	4	4	1
3次元	立方体	8	12	6

図表１－ｖ　それぞれの次元における図形の頂点・辺・面の数（1）

〈A〉

さて、何となく、規則性があるように見えませんか？　まず**頂点の数ですが、１→２→４→８と、次元が上がるごとに２倍になっています**。ここで、立方体を４次元まで拡張したものを**「超立方体」**と名付けるとすると、4次元の超立方体の頂点の数は、8×2で16個になりそうです。

図形の次元を上げる方法

なぜ頂点の個数が2倍になっていくのでしょうか？　このことを理解するためには、点から直線、直線から正方形、正方形から立方体を作っていくゲームを考えると分かりやすいでしょう。次ページの図表1－wを見てください。点から直線を作るためには、点を横方向にスライドさせて新しい点を作り、もとの点との間を線でつなげればでき上がりです。

直線から正方形を作るときは、直線を縦方向にスライドさせて新しい直線を作り、もとの直線の頂点と新しい直線の頂点を線で結ぶと正方形が完成します。立方体を作るときは、正方形を上（紙面に垂直な方向）にスライドさせてコピーを作り、もとの正方形の頂点と新しい正方形の頂点を線で結べば完成です。

このように、**図形の次元を一つ上げるには、図形を新しい方向へスライドさせてコピーし、もとの図形と新しい図形の頂点を線で結べばよい**のです。そのため、頂点の数は、もとの図形と新しい図形の頂点を足した数、つまり、もとの図形の2倍になるのです。

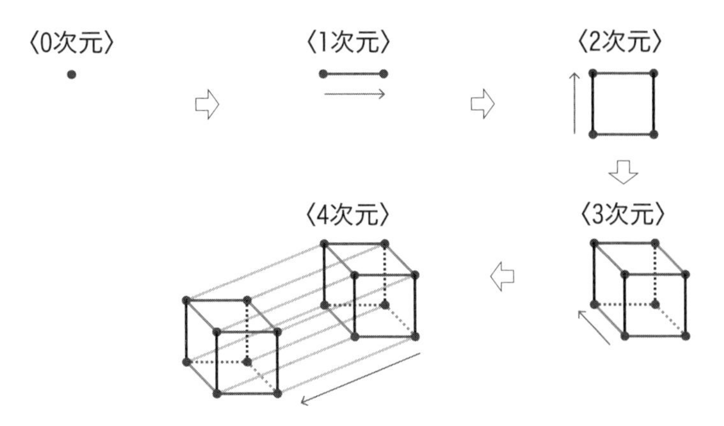

図表１－w　図形の次元を上げる方法

〈A〉

同じ要領で考えると、辺の数は、一つ前の次元の辺の数の２倍に頂点の数を足したものになります。まず、もとの図形のコピーを作るので、その時点で辺の数は２倍になりますね。さらに、もとの図形と新しい図形の頂点間を線で結ぶわけですが、このとき、結ぶ線の本数は、もとの図形の頂点の数に一致します。もとの図形の全ての頂点から、新しい図形へ向けて線が伸びていくからです。

面についても、同様に考えることができます。もとの図形をコピーした時点で面の数は２倍になり、さらに、頂点同士を結ぶことによって、もとの図形の辺の数だけ、新しい面が誕生します。つまり面の数は、一つ前の次元の面の数の２倍に辺の数を足すことで計算できます。

まとめると、図形の頂点・辺・面の数は、以下のように求めることができるのです。

- **頂点の数＝１つ前の次元の頂点の数×２**
- **辺の数＝１つ前の次元の辺の数×２＋１つ前の次元の頂点の数**
- **面の数＝１つ前の次元の面の数×２＋１つ前の次元の辺の数**

では、この規則に従って４次元の場合を埋めてみましょう。以下のようになるはずです。

次元	呼び方	頂点の数	辺の数	面の数
0次元	点	1		
1次元	直線	2	1	
2次元	正方形	4	4	1
3次元	立方体	8	12	6
4次元	超立方体	16	32	24

図表１－ｘ　それぞれの次元における図形の頂点・辺・面の数（2）

〈A〉

４次元世界の超立方体は、頂点が16個、辺が32本、そして24個の面を持っていることが分かりました。具体的に想像することは不可能ですが、３次元までの図形の規則を応用して、４次元のカタチについてもいろいろなことが分かってしまうのです。このように、**自分の知っている具体例から一般的な法則を導き出す方法を「帰納（きのう）」といいます。**

先ほどの数式を当てはめていくと、実は、５次元、６次元、そしてもっと上の次元の超立方体の頂点・辺・面の数も計算できてしまいます。いったん規則が分かれば、それを機械的に当てはめていけばよいからです。

「辺や面や頂点の数が分かっても、きちんとイメージできないと分かった気になれない」という方もいらっしゃると思います。そこで、４次元の図形の見た目がどんな感じなのかもご紹介しましょう。『フラットランド』の主人公が球を「円」と間違えてしまったように、３次元の私たちが４次元を直接的に見ることはできません。その代わり、**４次元図形の断面は３次元になる**ので、断面であれば私たちにも見ることができます。**４次元図形に光を当てた場合にできる影と考えてもよい**でしょう。例えば、４次元の超立方体の断面は、次ページの図表１－ｙのような見た目をしています。

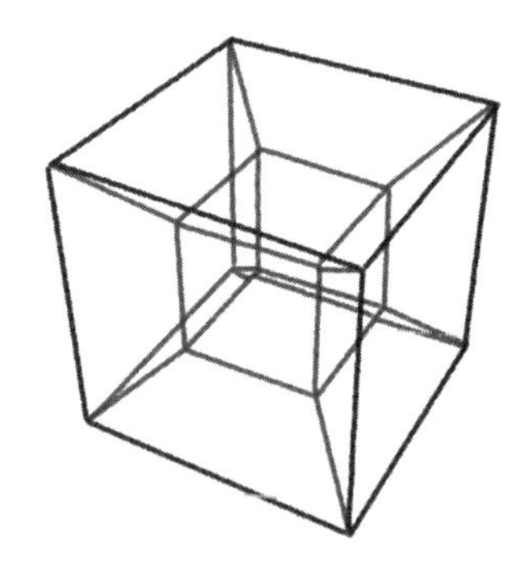

図表１－y　４次元の超立方体の断面

〈T〉

立方体の中に小さな立方体が入っているような図形ですね。なぜこのような図形になるのかを、３次元からの類推で考えてみましょう。ここに、まっすぐな針金でできた３次元の立方体があるとします。その立方体の下に白い紙を敷いて真上からライトで照らすと、紙にはどんな影が映るでしょうか？図表１－zのように、正方形の中に小さな正方形が入ったような影が映るはずです。立方体のライトに近いほうの面が大きな正方形、ライトから遠いほうの面が小さい正方形として映るわけですね。

３次元の立方体の影が、大きな正方形の中に小さな正方形が入った図形になるのであれば、４次元の超立方体の影は、大きな立方体の中に小さな立方体が入った図形になりそうな気がします。そして、まさにその通りになっているのです。

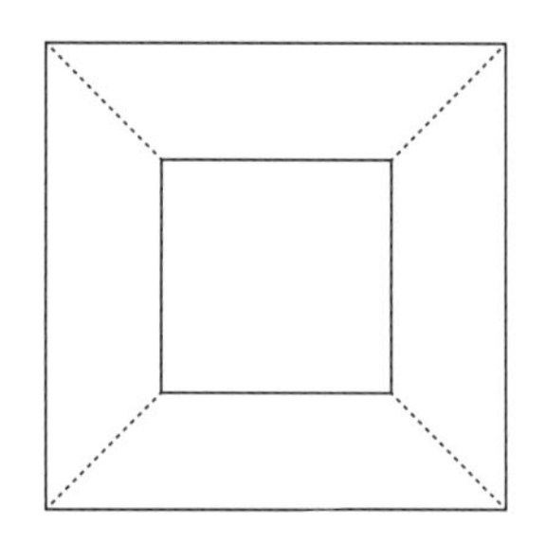

図表１－ｚ　３次元の立方体に「上」から光を当てると……

〈A〉

立方体のときと同じように、４次元の超立方体に「上」から光を当てて影を作ることを考えます。ただし、ここでの「上」とは、４次元の方向を意味しています。そうすると、３次元の「影」が映ります。その影は、超立方体の光に近いほうの側面が大きな立方体として、光から遠い方の側面が小さな立方体として映るので、図表１－ｙのような図形になるのです。

このように、ロジックを使って考えていけば、日常を超えた世界についても次々と解明していくことができます。自然科学が、宇宙の始まりや生命の誕生など、想像を絶する世界の秘密を明らかにしていけるのも、論理の力によるものなのです。

〈T〉

CHAPTER. 2

かず

人類は昔から、数を使って世界を理解してきました。
現代文明を支えている数にはさまざまなものがあって、
０や１などのなじみ深いものから、
決して分数では書けない数や、
２回掛けるとマイナスになるヘンテコな数まであります。

科学者は、自然の法則を数学の言葉で表現します。
物を投げると、２次方程式が描く放物線に沿って
飛んでいきます。
流れる川の水は、
ナビエ・ストークス方程式に従っています。
太陽の周りの時空は、
アインシュタイン方程式の計算通りにゆがんでいます。
スマートフォンから発射された電波は、
マクスウェル方程式の予想する通りに
基地局へ飛んでいきます。

最先端の物理学では、宇宙の始まりや終わりを記述する
数式を生み出そうとすらしています。
なぜ、あらゆるものを「かず」に置き換え、
数式で説明することができるのでしょうか？
その答えを知る者は、世界に誰一人として存在しません。
ただ一つ言えるのは、ピタゴラスの直観は
正しかったということです。そう、「万物は数」なのです。
本章は、そのような神秘的で偉大な「かず」をテーマとしています。

2-1.

花びらの枚数には、神秘的な法則が隠されていた？

〈T〉

「花びらと階段」

さて、この二つの共通点は何でしょうか？全然関係が無いように見えますが、実は、数学的に同じ法則に従っています。

まずは、階段から考えます。あなたが、階段の５段目まで上りたいとしましょう。その際、１段ずつ上るか、２段一気に上がるかの２通りの進み方ができるとします。さて、５段目への上り方は何通りあるでしょうか？　この問題は結構有名で、大学の入試問題にもしばしば登場します。

解き方のコツは、いきなり５段目を考えるのでなく、１段目から順番に考えることです。１段目への行き方は、当然ながら１通りだけです。２段目は、１段目から上がる方法と、２段一気に上がる方法の２通りあるので、１＋１＝２通りです。３段目は、２段目から上がる方法と、１段目から２段一気に上がる方法があるので、「(１段目への行き方：１通り)＋(２段目への行き方：２通り)＝３通り」です。このように順番に求めていくと、次のようになります。

０段目：１通り
(まだ階段を上り始めてない状態なので１通りとみなせる)
１段目：１通り
２段目：１＋１＝２通り
３段目：１＋２＝３通り
４段目：２＋３＝５通り
５段目：３＋５＝８通り

つまり、直前の二つの解答を足すと、次が求まります。そう考えると、計算が簡単に思えてきますね。ちなみに、６段目への行き方は５＋８＝13通りです。

このように、**最初は二つ並んだ１からスタートして、前の二つを足して作っていく数字、**

1, 1, 2, 3, 5, 8, 13, 21, 34, 55, 89, ……

これらを**「フィボナッチ数」**と呼びます。フィボナッチ数は、イタリアの数学者フィボナッチが『算盤（そろばん）の書』という本の中で紹介して以降、広く知られるようになりました。とは言っても、彼自身がフィボナッチ数を考案したわけではありません。当時、フィボナッチ数はアラビア世界では既に知られていたのですが、西洋の人々には伝わっていなかったのです。

フィボナッチの父グリエルモは商人で、息子をつれて各地を飛び回っていました。ある時、フィボナッチは父の仕事の関係で、アルジェリアのベジャイアに住むことになります。そこで彼は、当時最先端であったアラビア数学を学ぶ機会を得たのでした。彼は、当時のアラビア数学がヨーロッパ数学よりも進んでいることに気付きます。そして、地中海沿岸を旅してさまざまな数学者を訪ね、彼らから学んだアラビア数学の体系を『算盤の書』に記したのです。その中にはもちろん、フィボナッチ数の知識も含まれていました。というわけで、フィボナッチ数を考案した人類最初の人物が誰なのかは謎ですが、フィボナッチが広めたのでフィボナッチ数と呼ばれています。

自然界のフィボナッチ数

フィボナッチ数は、自然界のいろいろなところで見つけることができます。例えば、**花びらの枚数は、3枚、5枚、8枚、13枚、……といったフィボナッチ数になっている場合が多い**と言われます。例えば、桜は5枚、コスモスは8枚です。どちらも、フィボナッチ数に含まれていますね。

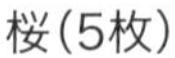

桜（5枚）

コスモス（8枚）

図表2－a　花びらの枚数

© 朝日新聞社

また、フィボナッチ数を使って作った図形も、不思議な性質を持つことが分かっています。代表的なものとして、**「黄金螺旋」**を見てみましょう。まず、フィボナッチ数を1辺とする正方形を作り、それを渦巻き状に並べていきます。1×1、2×2、3×3、5×5、8×8、13×13、21×21……といった具合に。そして、この正方形の対角を結んでいくと、黄金螺旋ができ上がります（図表２－b）。

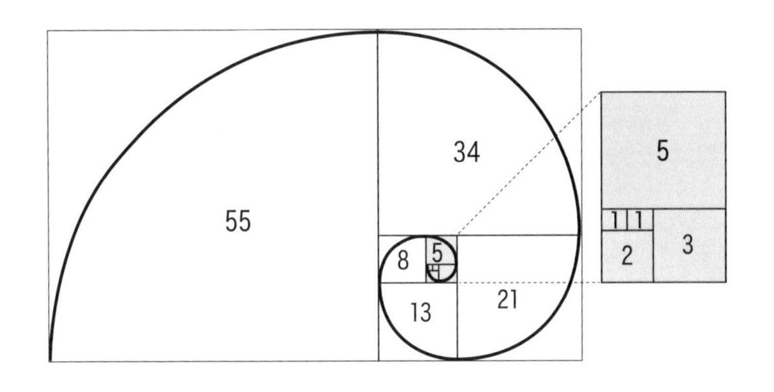

図表2－b　黄金螺旋

〈A〉

　このようにして得られる螺旋は、自然界に見られる螺旋とよく似ています。砂漠の多肉植物が葉を開いた様子、松ぼっくりのかさの並び方、ヒマワリの種の配置、オウムガイの殻。自然にはこのように、フィボナッチ数に基づいて作られているものがたくさんあります（図表２－c）。

図表２－ｃ　フィボナッチ数に基づく形を持つ松ぼっくり（左）と
多肉植物のアロエ・ポリフィラ（右）

（左）©MyLoupe　（右）©DEA / RANDOM

ところで、黄金螺旋を見てみると、長方形に囲まれていることが分かりますね。これを**黄金長方形**といいます。黄金長方形は、辺の長さが隣り合うフィボナッチ数になっています。例えば、55 × 89 という具合です。正方形をドンドンくっつけていけば、黄金長方形をいくらでも大きくすることができます。仮に、ものすごく大きな黄金長方形を作って遠くから眺めたとすると、とてもうつくしい図形に見えるはずです。なぜならば、その長方形の辺の長さの比は、**1：1.618** という、人間がうつくしいと感じる「黄金比」になっているからです。

黄金比は、フィボナッチ数から作り出すことができます。詳しい証明は難しいので触れませんが、隣り合うフィボナッチ数の比が、だんだん黄金比に近づいていくのです。実際にやってみましょう。

2 ÷ 1 = 2

3 ÷ 2 = 1.5

5 ÷ 3 = 1.667

8 ÷ 5 = 1.6

13 ÷ 8 = 1.625

21 ÷ 13 = 1.615

34 ÷ 21 = 1.619

55 ÷ 34 = 1.618

……

以降、比率はずっと1：1.618に近づいていきます。黄金長方形は、隣り合うフィボナッチ数を各辺の長さとしているので、大きくしていくと、その辺の比が1：1.618に迫っていくのです。

黄金比は、デザインの世界でとても重視されています。古くは、ギザのピラミッドやパルテノン神殿の設計にも黄金比が使われています。現代では、Twitterやペプシのロゴ、ウェブページや広告のデザインなどに幅広く活用されています。オウムガイの殻のように、黄金比やフィボナッチ数に従う形が自然界に多く見られるので、うつくしいと感じるよう私たちの本能に刻まれているのかもしれません。

植物の葉はどのように付いているか

最後に、少し難しい話にはなりますが、**植物の葉の付き方もフィボナッチ数に基づいている**という話をしましょう。植物の葉は、茎の周りを旋回するように順番に付いていくのですが、茎を何周かしたところで、真上から見た時に下の葉と重なるようになります。そのため、植物の葉の付き方を分類する際は、**茎を何周したところで何枚目の葉が下の葉と重なるか**に基づいて行い、これを「**葉序**（ようじょ）」と呼びます。

例えば、２枚の葉が互いに反対を向いて付いている場合は、葉が２枚増え、茎を１周したときに下の葉と重なります。この場合、「1/2 葉序」と表現します。イネ科の植物の葉の付き方は、1/2 葉序になります。もう少し複雑な場合で、葉が５枚増えて２周したところで重なる場合は「2/5 葉序」です。2/5 葉序の例としてはエノキグサが挙げられます。

その他にも、3/8 葉序（アオゲイトウ）、5/13 葉序（セイタカアワダチソウ）などがあります。これまで出てきた１、２、３、５、８、13 という数字は、全てフィボナッチ数ですね。お察しの通り、植物を「○／□葉序」で分類したとき、○と□に入る数字は、フィボナッチ数になるのです。より正確には、フィボナッチ数列を基にした「シンパー・ブラウンの法則」と呼ばれるものに従うことが分かっています。葉の付き方がフィボナッチ数に従う理由は、そのようにすると**葉が重なり**

にくくなり、日光を効率よく浴びることができるからだと考えられています。

ここで紹介した以外にも、フィボナッチ数は日常のいろいろなところに隠れています。みなさんも、身の回りにひそむフィボナッチ数を探してみませんか？

2-2.

「かず」は文明とともに進歩してきた？

人類の発展と共に、いろいろな「かず」が生み出されてきました。その中には、よく知られたものから、高等数学でしかお目にかからないものまであります。みなさんは、いくつ知っているでしょうか？　「かず」の歴史を知ることで、人類の歴史を追体験してみましょう。

最も古くからあるのは、

1, 2, 3, 4, 5, ……

という、物を数えるための数です。これには**「自然数」**という名前が付いています。人類が太古から利用している、最も自然に思いつく数だから「自然数」です。

物を数えるだけなら自然数で十分ですが、文明が発展してくると、いろいろな用途で数字が使われ始めます。例えば、誰かから借金をしている状態を表すには、どうすればよいでしょう？　足りない状態を表す「−」という記号を数字の前に付ければわかりやすいですね。すでに７世紀頃のインドでは、借金を表すために、このような負の数が使われていました。紀元前１世紀頃の中国の書物にも、負の数が登場してきます。負の数と正の数を並べると、

……− 3, − 2, − 1, □ , 1, 2, 3, ……

と書けます。ただ、これではまだ不完全です。□に何か抜けていますね。そう、「0」です。

社会が発展して人口が増えてくると、大規模な事業や多くの人数を管理する必要が出てきて、大きな数字を扱う機会が増えてきます。すると、何桁もある大きな数を計算するときに「数字がない」桁が出てきて、どうやって記録に残せばいいかという問題が生じました。古代バビロニアでは、数字の無い桁は空白にすることで表現していました。イメージで言うと、「1 2」が「102」を意味するような感じです。けれども、空白の空け方は人によって違うので、混乱が生じやすくなります。「1 2」の例で言うと、空白の間隔が狭い人が記録すると、「12」と混同してしまいますね。

「0」の誕生

そういった試行錯誤を繰り返す中で、いくつかの文明がそれぞれ独立に、数の無い桁を表す記号を考案しました。今で言う「0」が誕生したのです。紀元前のバビロニアにおいては、石板に刻まれたナナメの楔形(くさびがた)文字がゼロを表していました。マヤ文明では「0」を貝殻模様で表現し、インカ帝国では紐の結び方で表現していました。ただ、この頃の「0」は、それ自体が数字だとは認識されていませんでした。つまり、他の数と同じように足す・引く・掛けるといった計算ができるものだとは思われておらず、単に、**「この桁には数字がない」ことを示す目印**のような扱いだったのです。

0を世界で最初に数字として認識したのは、古代インドの数学者だったと言われています。7世紀頃のインドの数学者ブラフマグプタは、0を数字として捉え、他の数との加減乗除を論じました。数字としての0の発明によって、何かがある状態(正の数)や足りない状態(負の数)だけでなく、何もない状態(0)も数字で表せるようになりました。この革命的な発明は、その後、長い時間をかけてインドから世界中へ広がっていきました。

ただ、ヨーロッパでは、なかなかゼロが受け入れられなかったようです。その証拠に、ローマ数字「Ⅰ, Ⅱ, Ⅲ, Ⅳ, Ⅴ, ……」は現在でも時計の文字盤などで見かけますが、実は、0に対応するローマ数字は存在しません。どうやら、昔のヨーロッパ人の世界観が0を容認しなかったようです。というのも、古代ギリシャの哲学者・アリストテレスが「無」の存在を否定し、その思想が中世ヨーロッパにおいてキリスト教と混ざり合ったために、無を意味する0を考えること自体が、神への冒瀆だとされていた時期があったのです。

もちろん現代では、あらゆる文明圏において0の存在は認識されています。ここまでに出てきた数は、まとめて「整数」と呼ばれています。

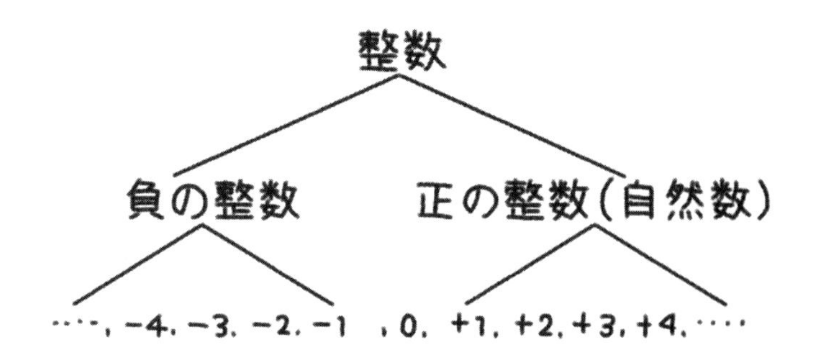

図表2－d　整数

〈T〉

物の個数やお金を表すときは、不足している状態や何もない状態も含めて、整数を使って表すことができます。けれども、それだけでは社会のニーズを満たせません。例えば、重さはどうでしょうか？　とても軽い物の重さを表すときは、

１より小さな数が必要になります。そういう時に活躍するのが、分数や小数です。古代バビロニアでは、60進法に基づく小数が使われていました。また、インドや中国などのアジア圏では、小数が古くから使われていた記録が見つかっています。ヨーロッパでは長らく分数しか使っておらず、17世紀になってやっと小数が使われ始めました。

１，２，３，……と飛び飛びだった数が、間の小数や分数を考え出したおかげで、連続的につながりました。整数と、その間にある数をまとめて「実数」と呼びます。

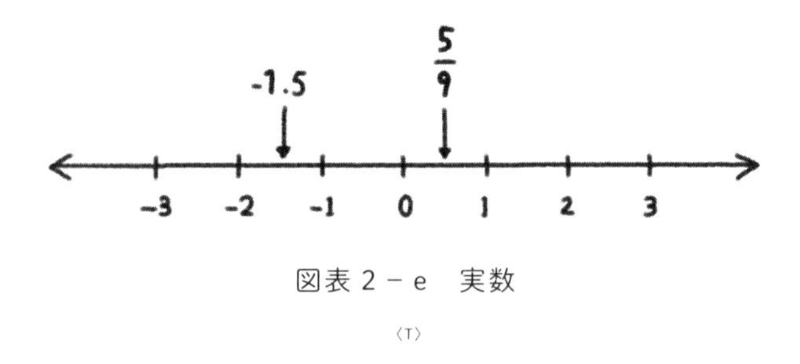

図表２－e　実数

〈T〉

ちなみに、実数の中には、小数では表せるけれど分数では表せない数が存在します。そして、**分数で表せる場合を「有理数」、表せない場合を「無理数」**と区別して呼ぶことがあります。例えば、円周率πは、分数で表すことができない無理数だと証明されています。他にも、２回掛けて２になる数である$\sqrt{2}$、同様に２回掛けて３になる$\sqrt{3}$、微分積分で重要なネイピア数（eという文字で表します）なども無理数です。無理数にまつわる物語は、次の節で詳しくお話します。

ヘンテコな虚数「i」

これで数の世界は広がり切って、めでたしめでたし……かと思いきや、お次はヘンテコな数「i」が登場します。負の数どうしを掛けると正の数になるため、実数の範囲内では2乗して負の数になる数は存在しません。ところが、iはなんと、**2回掛けると－1になる**のです。数学の記号を使って「$i=\sqrt{-1}$」と表現することもできます。**√は、2回掛けると元の数に戻ることを意味する記号**です。例えば、「$\sqrt{2}\times\sqrt{2}=2$」「$\sqrt{5}\times\sqrt{5}=5$」という具合です。

$i\times i=-1 \Leftrightarrow i=\sqrt{-1}$ とも書ける

不思議な数iを考え出したのは、16世紀のヨーロッパ人です。そのきっかけになったのは、イタリアの数学者**カルダノ**が1545年に出版した、『アルス・マグナ（偉大なる技術）』という本です。彼は著書の中で、3次方程式の解の公式を発表しました。3次方程式とは、$ax^3+bx^2+cx+d=0$のような式のことで、このxに当てはまる数字を求める公式を発表したのです。

それで分かったのですが、三つの実数を解に持つ3次方程式を解こうとすると、途中でどうしても「2回掛けると－1になる数」、つまり$\sqrt{-1}$が出てきてしまうのです。そこで、しぶしぶ$\sqrt{-1}$を認め、「$i=\sqrt{-1}$」と書くことにしました。i

は、「想像上の数」という意味の「imaginary number」の頭文字です。実在しないけど仕方なく導入した数というニュアンスが込められています。i には、**「虚数単位」**という名前が付けられました。「虚」という漢字は、実際には存在しない数なのだというニュアンスを持っています。

これだけだと分かりづらいと思うので、具体例を挙げてみましょう。今からご紹介する例は、16 世紀の数学者ボンベリが著書の中で論じたものです。まず、次の 3 次方程式を考えましょう。

$$x^3 - 15x - 4 = 0$$

この方程式の解の一つは、$x = 4$ です。実際に、x を 4 で置き換えて計算してみると、

$$4^3 - 15 \times 4 - 4 = 64 - 60 - 4 = 0$$

となって、成り立つことが分かります。

勘のいい人であれば、$x = 4$ という解を直感で見つけられるかもしれません。けれども、直感に頼って 3 次方程式が解けることは、めったにないと考えたほうがよいでしょう。例えば、この例で言うと、$x = 4$ 以外には $-2 + \sqrt{3}$ と $-2 - \sqrt{3}$ が解になりますが、これら三つの解を直感だけで思いつ

くのは至難の業です。しかしカルダノの公式を使えば、あらゆる3次方程式の解を確実に求めることができます。そのため、カルダノの公式を使って解くのが本来の道筋なのです。そこで、カルダノの公式を使って$x=4$という解を導いてみましょう。

カルダノの公式によると、

$$x^3-♤x-♢=0$$

という形をした式（♤と♢には、何らかの実数が入ります）の解の1つは、

$$x=\sqrt[3]{♢/2+\sqrt{(♢/2)^2-(♤/3)^3}}+\sqrt[3]{♢/2-\sqrt{(♢/2)^2-(♤/3)^3}}$$

と表されます。ちなみに、$\sqrt[3]{☆}$は、3回掛けると☆になる数を表します。$\sqrt[3]{☆}$は日本語で、「☆の3乗根」とも言います。例えば、2を3回掛けると8になるので$\sqrt[3]{8}=2$です。これは、「8の3乗根は2」と言い換えることもできます。

先ほどの例では、♤＝15、♢＝4なので、そのまま当てはめて計算すると、

$$x=\sqrt[3]{2+\sqrt{-121}}+\sqrt[3]{2-\sqrt{-121}}$$

となり、$\sqrt{-121}$という数が出てきてしまいます。$\sqrt{-121}$は、２回掛けると-121になる数です。また、$\sqrt{-121}=\sqrt{-1}\times\sqrt{121}=i\sqrt{121}$なので、

$$x=\sqrt[3]{2+i\sqrt{121}}+\sqrt[3]{2-i\sqrt{121}}$$

と書くこともできます。このように、公式を使って解こうとすると、虚数単位 i が出てきてしまいました。分かりづらいですが、実はこれ、数学的な操作を使って計算を進めていくと、式の中にある$i\sqrt{121}$がうまく消えて「$x=4$」になるのです。けれども、最終的な答えである$x=4$にたどり着く過程では、i を含んだ計算が避けられません。このように、**３次方程式の解を見つける計算には、虚数単位 i が出てくる**のです。

余談ですが、カルダノの公式を見つけたのは、実はカルダノではなく、同じくイタリアの数学者であるニコロ・フォンタナ（通称タルタリア）という人物だったと言われています。カルダノは、タルタリアが３次方程式の解の公式を見つけたという噂を聞きつけ、教えて欲しいとしつこく迫りました。根負けしたタルタリアは、「絶対に口外しない」という約束でこっそり教えてくれたのです。けれどもカルダノは、それを自分の本の中で発表してしまいました。タルタリアは激怒したものの後の祭りで、現在でも３次方程式の解の公式は、「カルダノの公式」と呼ばれています。

ｉは、普通の数と同じように足したり掛けたりすることができます。というより、ｉが普通の数と同じように計算できると定義しなければ３次方程式をうまく解けないので、そのように定義したというのが歴史の流れです。

iを何倍かした4i、5iといった数に実数を足して「4 + 4i」のようにしたものを「複素数」と呼びます。複素数は、「○＋□ｉ」という形をしているので、実数部分を表す数直線の他に、虚数部分を表す数直線もなければ、表すことができません。そのため複素数は、実数部分を横軸、虚数部分を縦軸とする平面上の点として表されます。

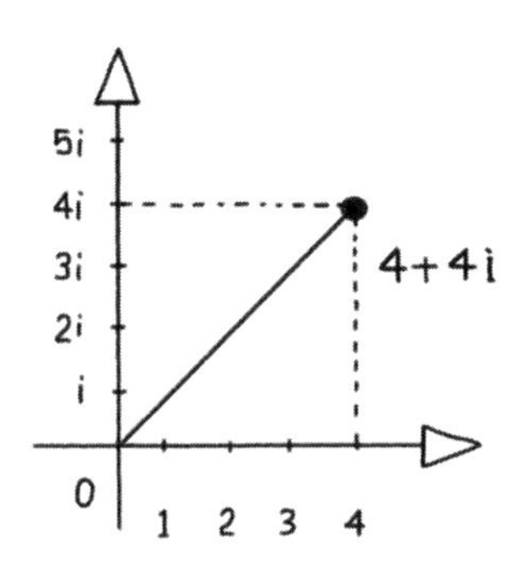

図表２－ｆ　複素数

〈T〉

当初は、数学者ですら複素数の考え方を認めず、「こんなヘンテコリンな数、あるわけない！」と非難しました。けれども、数学や物理学の分野で重要な役割を果たすことが分かり、徐々に浸透していったのです。

物質は複素数の波

例えば、現代物理学の土台となっている量子力学では、物質を**複素数の波**として表現します。物質が波としての性質を持つことは、**「2重スリット実験」**(図表2－g)と呼ばれる実験で確認されています。この実験では、物質を構成する素粒子の一種である電子が使われます。まず、二つの細長いスリット(すきま)が開いた板を用意し、そこへ向けて電子を発射します。すると発射された電子はスリットを通って、板の後ろにある写真乾板に当たり、当たった部分を白く感光させます。何度も電子を発射していると、不思議なことに、電子が良く当たる部分とそうでない部分が出てきて、写真乾板に縞模様が現れます(図表2－h)。この縞模様は、物質(電子)の波が二つのスリットからあふれ出て、互いに干渉したために生じるのです。科学は実験を重視するので、実験で波の性質が示されたならば、たとえ頭でイメージしにくかったとしても、物質は波だと考えるわけです。

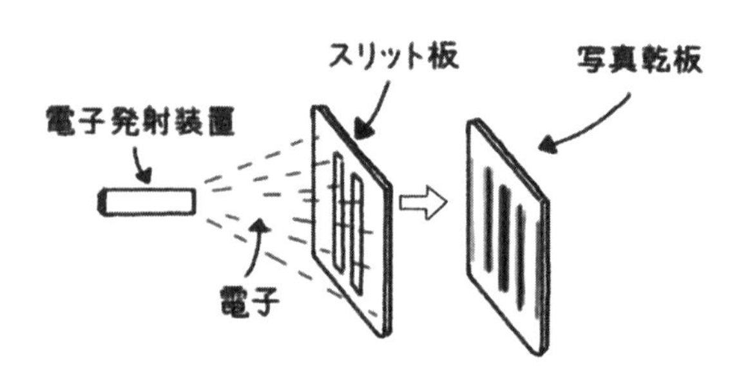

図表2－g　2重スリット実験の装置

〈T〉

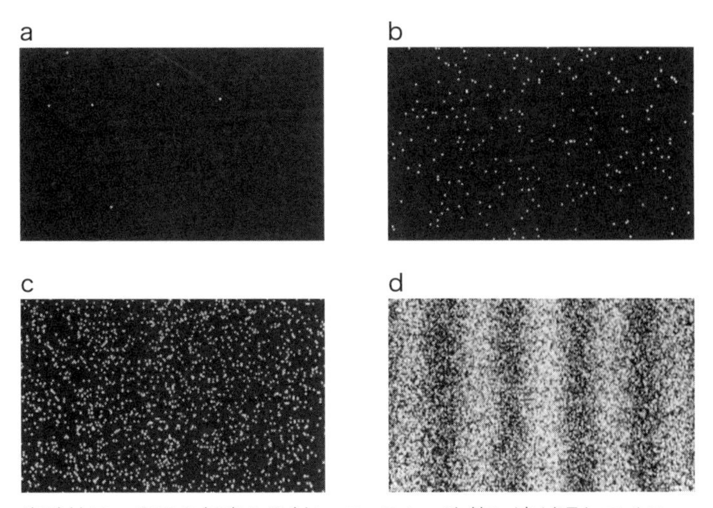

実験結果：電子を何度も発射していると、次第に波が現れてくる
（a→b→c→dの順に時間が経過）

図表２－h　２重スリット実験の結果

提供：日立製作所

では、なぜ「複素数」の波になるかというと、自然現象を説明できるように理論を構築していくと、そうなるとしか言いようがありません。実際に、物質が複素数の波だと考えれば、いろいろな実験結果を非常に正確に予測できます。また、スマートフォン（スマホ）の通信や電子レンジなどで使われている電磁場についても、物質を複素数の波だと考えれば、その性質を数学的に説明することができます。詳細は専門的なので割愛しますが、物質の波が複素数である場合、数学的には「**U（1）対称性**」という性質を持つことになります。

数学的に計算してみると、このU（1）対称性が電磁場を生み出していることが分かります。“電磁場”というと難しく感じますが、スマホやラジオの通信に使われる「電波」も電磁場の一種で、文明に欠かせないものです。

もし、物質の波が複素数でなかったら、電磁場は存在せず、スマホやラジオが発明されることもなかったでしょう。

複素数の波が人間の頭で想像しにくかったとしても、そう考えて計算すると実験結果とピタリと一致するのならば、やはり物質は複素数の波だと考えるしかありません。複素数はイメージしにくい数ではありますが、自然の仕組みを理解するのに大いに役立つのです。

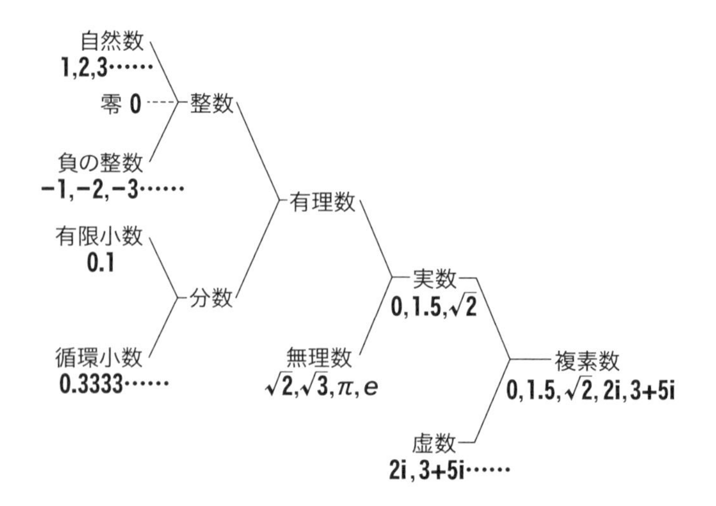

図表2－i　さまざまな種類の数

〈A〉

現代では、複素数の考え方をさらに拡張した、4元数、8元数といった体系も研究されています。ここまでくると、複雑すぎて数直線や平面で表すことはできません。これらは「超複素数」と呼ばれていますが、大学で数学を専攻でもしない限り、お目にかかることはないでしょう。

人類は、いろいろと思い悩みながら「かず」の世界を広げてきました。今後も「かず」の世界は広がるのか、ここで打ち止めなのか、果たしてどっちでしょう？　みなさんは、どう思われますか？

2-3.
「分数で表せない数」を見つけた人は、海で殺された？

分数と小数は親戚同士で、同じ数を別々の方法で表すことができます。例えば、0.5は$\frac{1}{2}$とも書けるし、0.3333……は、$\frac{1}{3}$とも書けるという具合です。でも、いつだってそうだとは限りません。実は、分数では表せない数もあるってご存知でしたか？

0.17839271のように、小数点以下が途中で終わっている場合は、$\frac{17839271}{100000000}$といった具合に、必ず分数に書き換えることができます。けれども、小数点以下が無限に続く場合は、分数で表せないものが出てきます。もっと具体的に言うと、分数で表せるかどうかは、小数点以下に繰り返しパターンが出てくるかどうかで分かります。**分数で表せる数は、小数点以下に繰り返しパターンが登場する**のです。例えば、

$$\frac{1}{7} = 0.\underline{142857}\,\underline{142857}\,\underline{142857}\cdots\cdots$$

といった感じです。この場合、「142857」が繰り返されています。

けれども、繰り返しパターンが出てこない数もあります。よく知られているのが、円の直径と円周の比である「円周率 π」です。みなさんは、円周率を何桁まで言えますか？　ちなみに著者は、語呂合わせで40桁まで覚えています（役に立ったことはありませんが）。40桁まで π を書いてみると、

$$\pi = 3.1415926535897932384626433832795028841971\cdots\cdots$$

となります。繰り返しパターンは見えませんね。実際、コンピューターで何億桁、何十億桁と計算しても、繰り返しは出てきません。同じようなことが、$\sqrt{2}$（2回掛けると2になる数）にも言えます。ちなみに、最初の数桁は $\sqrt{2} = 1.41421356$ ……となりますが、どこまで行っても繰り返しは出てきません。このような、**小数点以下が無限に続き、かつ繰り返しパターンが出てこない数字は分数で表せない**ことが分かってい

て、**「無理数」**と名付けられています。「分数で表すことが無理な数だから無理数」と考えると覚えやすいかもしれません。

分数で表せないことを証明する

しかし、分数で表せないと言われても、なかなかピンとは来ないものです。例えば、

14/10(＝1.4), 141/100(＝1.41),
1414/1000(＝1.414), 14142/10000(＝1.4142), ……

のように、分数を$\sqrt{2}$に頑張って近付けていくと、いつか$\sqrt{2}$にたどり着きそうな気もします。それなのに、決して分数では表せないと、なぜ言えるのでしょうか？

実は、$\sqrt{2}$が分数で表せると仮定して計算をすると、ヘンテコな結果になってしまうのです。今から、それを証明しましょう。仮に、$\sqrt{2}$が分数で、

$$\sqrt{2} = \frac{\bigcirc}{\square}$$

と書けることにします。○と□は、どちらか一方が奇数、あるいはどちらも奇数ということにしておきます。なぜならば、もし○も□も偶数だとすると、それぞれを２で割って、「ど

ちらか一方が奇数、あるいはどちらも奇数」という状態にできるからです。だから、○と□は、はじめから「どちらか一方が奇数、あるいはどちらも奇数」であるとみなせます。

ここで、左辺に$\sqrt{2}$、右辺に$\frac{○}{□}$（$=\sqrt{2}$）を掛けます。左辺も右辺も$\sqrt{2}$倍していることになるので、イコールの関係は保たれます。すると、

$$2=\frac{○}{□}\times\frac{○}{□}$$

となります。両辺を□×□倍すると、

$$2\times□\times□=○\times○$$

となります。さて、この式をよく見てみましょう。左辺に2が掛けられているので、右辺の「○×○」は偶数のはずです。ということは、奇数×奇数は必ず奇数になるので、○は偶数ということになります。つまり、ある自然数△を使って、「○＝2×△」と表すことができます。すると、

$$2\times□\times□=(2\times△)\times(2\times△)$$

となります。この式の両辺を2で割ると、

□×□＝2×△×△

となります。すると、先ほどと同じ理屈で、□も偶数ということになります。しかし、これは矛盾です。○と□は「どちらか一方が奇数、あるいはどちらも奇数」という前提から出発したのに、「○も□も偶数」という結論に達してしまいました。

なぜ、このような矛盾が生じてしまったかというと、「$\sqrt{2}$は分数で表すことができる」という前提がそもそも間違っていたからです。間違った前提から出発したので、矛盾した結果が導かれました。このように、**あえて間違った前提から出発して矛盾を導き、間違いを証明する方法を「背理法（はいりほう）」といいます**。無理数が分数で表せないのは、分数で表す努力が足りないからではなく、数学的な真理なのです。

ピタゴラスの矛盾

無理数を発見したのは、古代ギリシャの数学者たちです。しかし、古代ギリシャを代表する偉大な数学者ピタゴラスは、無理数を否定していました。ピタゴラスは、数学を研究する「ピタゴラス教団」という宗教団体を率いていたのですが、ピタゴラス教団の教義では、全ての数は分数で表すことができるとされていました。しかし、$\sqrt{2}$のような無理数には、それが当てはまりません。一説によると、無理数を発見した教団のメンバーはピタゴラスに嫌われ、海に落とされて殺されてしまったと言われます。かなり昔の話で文献もあまり残っておらず、史実かどうか定かではないようですが。

皮肉なことに、ピタゴラス自らが証明したという「三平方の定理」を簡単な状況に当てはめると、彼が恐れた無理数が現れてきます。例えば、正方形に三平方の定理を当てはめると、

$$(\text{対角線の長さ})^2=(\text{辺の長さ})^2+(\text{辺の長さ})^2=2\times(\text{辺の長さ})^2$$

よって、

$$\text{対角線の長さ}=\sqrt{2}\times\text{辺の長さ}$$

となります。
こんなに簡単な図形にも無理数が隠されているのです。

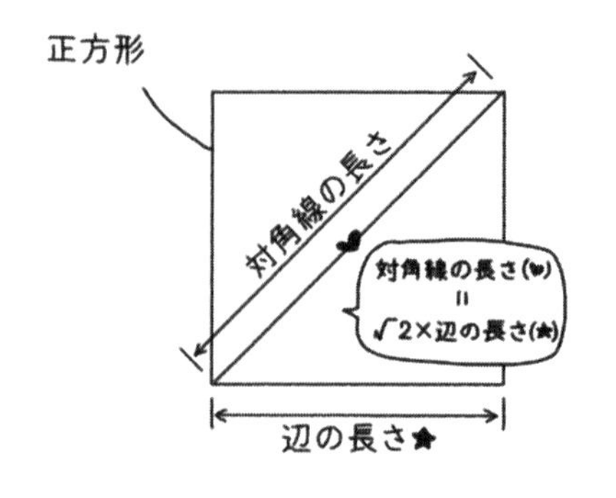

図表２－ｊ　三平方の定理

〈T〉

ちなみに、無理数は$\sqrt{2}$やπだけでなく、無数に存在します。よく知られているものでは、$\sqrt{3}$や$\sqrt{5}$も無理数です。また、微分積分学や確率論などの分野で重要な役割を果たすネイピア数（$e = 2.71828\cdots\cdots$）も無理数です。

余談ですが、オイラー・マスケローニ定数という、有理数か無理数かが未だに分かっていない不思議な数もあります。この定数は微分積分学に関連していて、値はおよそ0.5772156649……であることが分かっています。有理数か無理数かを判別する万能の方法は存在せず、それぞれの数について個別に証明するしかないのですが、オイラー・マスケローニ定数については、まだ証明の方法が見つかっていません。ちなみに、円周率やネイピア数については証明の方法が分かっていますが、その証明は$\sqrt{2}$よりも難しく、微分積分学の知識が必要になります。そしてオイラー・マスケローニ定数については、今まで誰も証明に成功していないことを考えると、きっと$\sqrt{2}$、円周率、ネイピア数よりもずっと難しい証明になるのでしょう。

実数は有理数と無理数に分けられるので、有理数でなければ無理数ということになります。また、CHAPTER. 4の「とてつもなく大きなかず」で説明しますが、実数全体のうち、実は無理数のほうが有理数よりも圧倒的に多いのです。そのため、オイラー・マスケローニ定数も、恐らく無理数であろうと言われています。どちらか分からないならば、多数派に属していると考えたほうが自然だろうという発想です。しかし、きちんと証明されない限り断定はできません。もし無理数（もしくは有理数）であることを証明できたら、数学史に自分の名が刻まれることになりますので、興味のある方は数学の書籍などで定義を確認し、ぜひチャレンジしてみて下さい！

2-4.

古代ギリシャ人は日時計とラクダで地球の大きさを測っていた⁉

大人になっても好奇心旺盛な人は、周りの人から白い目で見られることも少なくありません。紀元前３世紀頃のギリシャ人学者**エラトステネス**もそうでした。彼は、周囲の学者仲間から「ベータ」というあだ名を付けられていました。ベータ（β）はギリシャ文字の一つで、アルファベットのＢに相当します。Ａ級であるプラトンのような一流の学者と比べると、常に２番手だと皮肉を言われていたのです。その理由は、彼が当時の主流な研究テーマから離れ、何にでも興味を示して手を出すからでした。

そんな彼が、またまた変なことを言い始めます。「地球の大きさを測る」というのです。当時のギリシャの科学は非常に進んでいて、地球が丸いらしいということを既に多くの人々が知っていました。けれども、さらに一歩踏み込んで、大きさを測ってやろうなどということは、まだ誰も考えてもいませんでした。

エラトステネスは、**太陽が作る影を使って地球の大きさが測れないか**と考えます。彼はエジプトのアレクサンドリアを活動拠点としていたのですが、もともとはシエネ（現在はアスワン）の出身でした。そして、アレクサンドリアの南に位置するシエネでは、夏至の日の正午に太陽が真上に来て、深井戸の底の水面すら見えるようになることを知っていました。

図表２－ｋ　アレクサンドリアとシエネ（アスワン）の位置

〈A〉

そこで彼は、自分が現在住んでいるアレクサンドリアではどうなるのかを知るために、夏至の正午にグノモン（日時計に使われる、地面に垂直に立てられた棒）の影の長さを測ってみました。影の長さから計算してみると、太陽は真上ではなく7.2°傾いた位置に出ていることが分かりました。つまり、同じ日の同じ時間に、シエネでは太陽が真上の位置に、アレクサンドリアでは真上から7.2°傾いた位置に出ていたのです。

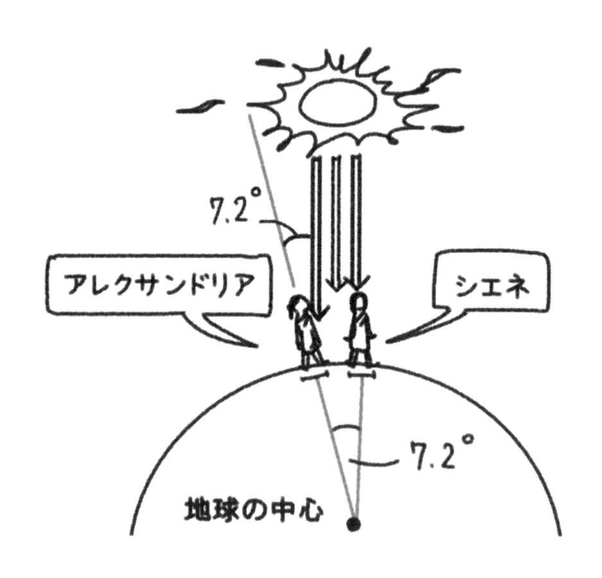

図表2－1　アレクサンドリアとシエネ（アスワン）と太陽の位置関係

〈T〉

7.2°の傾きの違いは、何を意味しているのでしょうか？簡単な作図によって、アレクサンドリアとシエネの位置が、地球の中心から見て互いに7.2°ずれていることを意味しているのだと分かります（図表2－1）。角度7.2°は、全周360°の50分の1です。このことから彼は、地球の全周が、アレクサンドリアからシエネまでの距離の50倍になるはずだと考えました。

ラクダの歩く距離を基準に

当時よく知られていた事実として、アレクサンドリアからシエネまでは、ラクダで50日かかります。ラクダは1日に約100スタディア（当時のギリシャで使われていた距離の単位）進むことから、彼はアレクサンドリアとシエネの距離を、5000スタディア（約924km）と見積もりました。ということは、地球の全周はその50倍なので、

5000スタディア×50＝250,000スタディア（約4万6千km）

だと考え、地球の1周を約4万6000kmと見積もりました。

現在では、地球の赤道の長さは約4万77kmであることが分かっています。現代の正確な値と比べると、エラトステネスの計算にはもちろん誤差もあります。彼の全周の計算は、シエネがアレクサンドリアの真南にあるということを前提としていますが、実際は真南より少し東に位置しています。また、アレクサンドリアとシエネの距離についても、ラクダのキャラバンが50日かけて移動するという経験則に基づいた

大雑把な値です。それにもかかわらず、かなり正確な値を出していることは驚きと言えるでしょう。

エラトステネスはこの他にも、太陽と地球の距離を計算したり、素数を見つける手続きである「エラトステネスのふるい法」を開発したりと、多くの業績で知られています。一方、エラトステネスをベータと皮肉っていた学者たちの多くは、現代に名前を遺すことはできていません。常識にとらわれず、自分の興味の赴くままにいろいろなことに取り組んだエラトステネスの生き方は、現代の私たちにもさまざまなことを教えてくれているような気がします。

2-5.

なぜ、ぴったり 13年・17年ごとにしか 出てこないセミが いるの？

素数の歌はとんからり とんからりんりんらりるれろ♪

とは、有名な数学者の加藤和也（かとうかずや）教授が作詞・作曲された「素数の歌」の出だしです。**素数とは、1と自分自身以外では割れない自然数のこと**で、2, 3, 5, 7, 11, ……と続きます。素数にはおもしろい性質がたくさんあって、昔から多くの数学者たちを魅了してきました。でも、数学者ではなく、とても小さな脳しか持たないセミが、生存競争に素数を取り入れているのをご存知でしょうか？

そんな不思議なセミは、アメリカ合衆国の東部・中部に住んでいます。普通のセミは、生まれてすぐに地面へもぐり、6～9年程度を地中で過ごします。その後、それぞれのタイミングで地上に出てきて、羽化して成虫になります。けれども、アメリカに住むその奇妙なセミは、**13年または17年という長い期間を地中で過ごし、ぴったり13年・17年の間隔で一斉に地上に出てくる**のです。そこで羽化して成虫になり、木という木を埋め尽くしてけたたましく鳴き声をあげます。13年周期のセミは4種類、17年周期は3種類知られていますが、13・17が共に素数であることから、まとめて**「素数ゼミ」**と呼ばれています。周期的に大発生するので、**「周期ゼミ」**とも呼ばれます。

図表2－m　素数ゼミ

なぜ13年・17年という決まったタイミングで一斉に出てくるのかは長年の謎でしたが、日本人が秘密を解明しました。静岡大学の吉村仁（よしむらじん）教授が、太古の氷河期までさかのぼってセミの進化の歴史を研究し、謎を解き明かしたのです。

もともと素数ゼミの祖先は、普通のセミと同じように、自分の体が充分成長したタイミングで地上へ出てきていました。仲間とタイミングを見計らって、一斉に出てくるわけではなかったのです。けれども、**今から180万年ほど前に氷河期が訪れたことで、大きな変化が生まれます**。

素数ゼミの祖先たちが住んでいたアメリカ大陸は、半分以上が氷河でおおわれてしまいました。あまりの寒さで土の中まで凍りつき、多くの幼虫が地上へ出ることなく死に絶えます。けれども、一部の地域は氷河の浸食を免れ、植物や動物たちが生き残っていました。こういった地域は**「レフュジア（退避地）」**と呼ばれ、運よくそのような地域に住んでいた幼虫は、死を免れることができたのです。ただ、寒さのために木の根の養分が極端に減り、それを吸っていた幼虫たちも成長が遅くなってしまいます。今の素数ゼミの幼虫期間が13年・17年と長いのは、この頃の名残です。

さて、成長が遅くなってしまった素数ゼミの祖先たちは、大きな問題に直面します。セミが成虫になってからの寿命は、2週間くらいしかありません。2週間のうちにパートナーを探して卵を産まないと、子孫を残せずに死んでしまうのです。けれども、地中で暮らす期間が長い上に、氷河期で仲間の数も減っているので、バラバラに地上へ出てきたのでは、相手に出会える可能性は絶望的です。

そのため、地上に出てくる周期が次第に一致してきます。というより、他の仲間と同じタイミングで出てきた場合にだけ子孫を残せる確率が上がったので、そのようなパターンを持つ者だけが繁栄していったのです。別の言い方をすると、自分の体が成熟したタイミングで地上に出るのではなく、決まった時間が経過したら地上に出てくる個体の方が有利となったわけです。**地上に出てくるスイッチを、「成長」から「時間」に切り替えることができた個体だけが繁栄していきました。**こうして生存競争に勝利した者たちの子孫が「周期ゼミ」です。

種の繁栄のための素数

けれども、なぜ出てくるタイミングが素数なのでしょうか？　この謎にもまた、進化の歴史が関係しています。大昔には、もっといろいろな周期の「周期ゼミ」がいたと考えられています。けれども、発生周期が素数でない場合は、生存に不利な影響が生じてしまうのです。

例えば、周期が9年と18年の周期ゼミがいたとしましょう。この2種は、18年毎に大発生の時期が重なります。すると2種が交雑し、雑種ゼミが大量に生まれることになります。雑種ゼミの周期は、9と18の間の中途半端な数になるでしょう。しかし、9年ゼミも18年ゼミも存在しない中途半端な時期に羽化した彼らは、パートナーに出会えないので子孫を残すことができません。結果として、繁栄することなく死に絶えてしまいます。9年ゼミと18年ゼミから見れば、後世に生き残っていく子孫の数が減ってしまうことになります。

つまり、大発生の時期が重なって雑種が生まれると、種の繁栄に不利に働くのです。そのために、大発生の時期が重なりやすい周期を持つ種類は絶滅していきました。結果として生き残ったのは、なかなか重ならない周期を持つセミたちです。

13年・17年という2つの周期が重なるのは、221年に一度です。なぜこんなに長くなるかというと、13も17も素数という点に秘密があります。**ある整数を2倍、3倍、……としていったときの数を倍数といい、二つの整数に共通の倍数のうち最小のものを最小公倍数と呼びます。**周期のタイミングは、最小公倍数のところで重なります。例えば、4と6の最小公倍数は12（＝4×3＝6×2）なので、4年と6年の周期は12年毎に重なります。

二つの整数をどちらも割り切ることができる数を公約数と

いいますが、二つの整数が公約数を持つ場合は、最小公倍数はあまり大きくならないことが多いです。例えば４と６は、共に２や３で割り切れるので、２や３が公約数です。ところが**素数同士の場合は、公約数を持つことはありません**。なぜならば、**素数は１と自分自身以外の整数では割り切れないからです**。共有している部分が無いので、周期の重なりが生じにくくなります。結果として、**素数である 13 年・17 年を周期とする「素数ゼミ」は、大発生の時期がめったに重ならないために、現代まで生き残ることができた**のです。

セミが素数を知っていたわけではなく、百万年以上もの生存競争の結果、図らずも素数の恩恵を受けた種だけが生き残ったのでした。現代は地球温暖化が問題視されていますが、あと５万年くらいすると、再び氷河期が訪れるとも言われています。地球が再び氷に閉ざされた時、あっと驚く生態を持つ生物がまた登場してくるのかもしれません。

2-6.

この世で一番 うつくしい数式って?

CHAPTER. 2では、いろいろな数が登場してきました。自然数の基本単位である1から始まり、インドで発明され世界へ広がった0、多くの数学者を魅了してきた円周率π、物質の秘密を解き明かす力を持つ虚数単位i、そして微分積分学の重要な定数であるネイピア数e。これらの数は、それぞれ別々の時代に、異なる目的で生み出されてきたものです。そのため一見すると、互いに何の関係性も無いように思えます。実際に17世紀までは、これらの数に相互関係があるとは思われていませんでした。

しかし、数学者**オイラー**が1748年に出版した『無限解析入門』(日本語版は高瀬正仁訳『オイラーの無限解析』海鳴社)に記されている公式を使うと、これらの数を結びつけられることがわかりました。その関係性は、

$$e^{i\pi} + 1 = 0$$

と書けます。これには、**「オイラーの等式」**という名前が付いています。何の関係もないと思われていた数がこんなに簡潔な式で結びつくこと自体が奇跡のような話で、数学の神秘を感じさせてくれます。

自然界はたった一つの力で動かされている!?

数学や科学の世界では、お互い関係ないと思われていた概念が結び付けられるとき、より深い真実が姿を現します。例えば、磁石が釘を引き付ける現象と、嵐の日に雷が落ちる現象とは、昔は全く関係がないと考えられていました。しかし現在では、その背後に**「電磁力」**という共通の力があり、それがある場合は磁気、別の場合は電気というふうに、異なった現れ方をすることが分かっています。電磁力という統一的な力を発見するきっかけになったのは、イギリスの物理学者ファラデーによる電磁誘導の実験です。彼は、磁石のそばでコイルを動かすとコイルに電流が流れる現象（電磁誘導）を発見し、それまで別物と思われていた磁気と電気が密接に関連していることを突き止めたのでした。

現代の多くの物理学者は、電気と磁気だけでなく、自然界のあらゆる現象は、たった一つの力が異なる形で表れた結果ではないかと考えています。その力の正体は未だ不明ですが、そういった奥深い真理を探究するきっかけになったのが、ファラデーの実験だったことは言うまでもありません。オイラーの等式は、物理学でいうファラデーの実験のように、バラバラの概念を一つに結びつけたのです。

ノーベル物理学賞を受賞したアメリカの物理学者、リチャード・フィリップス・ファインマンは、オイラーの等式を「我々の宝石（our jewel）」と表現しました。また、「数学において最も優れた、驚異的と言ってよいほどの数式（one of the most remarkable, almost astounding, formulas in all of mathematics）」とも言っています。

ここでは、CHAPTER. 2の振り返りもかねて、オイラーの等式に出てくる数の意味を、改めておさらいしてみましょう。

---

i：虚数単位

i×i＝－1となる不思議な数。もともとは、3次方程式を解くために導入された。現在では、代数学、微分積分学、幾何学、物理学など幅広い分野で不可欠な存在。iを取り入れたことで、数の世界が「実数」から「複素数」へと広がった。

e（=2.71828……）：ネイピア数

微分積分学や確率論の分野で非常に重要な役割を果たす数。無理数でもある。

0と1

全ての数の基礎。0が発明されたのは、ほんの千数百年前。

π（=3.14159……）：円周率

波動や回転などを数学的に表す時に出てくる。幾何学、物理学、工学、統計学など、あらゆる分野で活躍する数。歴史上多くの人が、πを少しでも正確に計算することに情熱を捧げてきた。人を惹きつけるロマンある数。無理数。

オイラーの等式そのものは、何かの実用性を備えているわけではありませんが、そのシンプルな美しさから、世界で最も有名な数式の一つとなっています。

〈T〉

CHAPTER. 3

うごき

鳥の群れは、アメーバのように形を変えながら
空を這っていきます。とても複雑な動きに見えますが、
実際のところ鳥たちは、たった三つのルールを守るだけで、
巨大アメーバのような群れの動きを生み出しています。
単純なルールから複雑なうごきが生まれるという発見は
科学者たちをおどろかせ、さまざまな関連研究が花開きました。

本章では、ゲーム、サラリーマンの営業活動、自動運転車、はては
台風にロケットまで、いろいろな「うごき」の法則をのぞいてみましょう。
複雑に見えるものが実は単純だったり、
単純に見えるものが複雑だったり、さまざまな驚きが隠されています。

私たちはデリケートな存在で、
満員電車のように人間が多すぎると嫌になり、
ぎゅうぎゅうで死にそうな気持ちになります。
でも、まわりに誰もいなければ、
今度は寂しさで死にそうになります。
その法則を数学的に再現した「ライフ・ゲーム」は
いろいろとおもしろい性質を持っていて、
多くの愛好者に親しまれ、学問的にも研究されています。

サラリーマンのうごき、台風や鳥など自然現象のうごき、
自動車やロケットなど人工物のうごき、
色々な「うごき」を追求することで、
人生の法則が見えてくるかもしれません。

3-1.

どうして飛んでいる鳥は、ぶつからないの？

図表３－ａ　鳥の群れ

鳥は、群れで行動することが多い生き物です。みなさんも、たくさんの鳥が群れを作って飛んでいるのを一度は見たことがあるでしょう。都会暮らしだと見る機会は少ないかもしれませんが、少し田舎の方や山の近くに行くと、見かけることが多いと思います。

私たち人間も、集団行動を取ることがよくあります。同じ教室で授業を受けたり、一緒にピクニックに行ったり。初詣の時には、大勢の人が神社に押し寄せるので、身動きすら取れなくなることだってありますね。けれども、鳥が群れを作って一緒に行動する理由は、人間のそれとは違います。

理由の一つは、敵から身を守るためです。一羽だけで飛んでいると、タカなどの敵に狙われやすくなりますが、群れで行動していると、一羽一羽が敵を警戒できるので、異変に気付きやすくなります。また、集団で寝床を探すという目的もあります。鳥が群れを作るのは、生きていくためなのです。

鳥の行動を詳しく研究した結果によると、**鳥の群れにはリーダーがいない**ことが分かっています。もし、群れのメンバーがリーダーの指示で動いていたとすると、タカなどの敵が近づいたとき、リーダーが気付くまでは逃げる行動をとれません。けれども、鳥の群れはリーダー不在なので、群れの中のどれか１羽がタカに気付いて逃げ始めれば、他の鳥も皆、最初に逃げ出した鳥に付いていきます。結果として、タカに食べられることなく生きのびる可能性が高くなります。

鳥の動きを表す「ボイドモデル」

けれども、考えてみれば不思議な話です。リーダーがいないのに、なぜ集団行動ができるのでしょうか？　人間が集団で行動するときは、先生、クラス委員、上司、キャプテンなどのリーダーの指示に従います。けれども鳥は、リーダー不在でも集団行動ができてしまいます。ということは、鳥は人間より頭が良いのでしょうか？

実は、そんなことはありません。**鳥たちは、たった三つのルールに従って動いているだけなのです**。そのルールを発見したのは、アメリカのプログラマーでした。1987年、アメリカ人プログラマーのクレイグ・レイノルズは、鳥の動きをコンピューターで再現しようと考え、**「ボイドモデル」**というものを生み出します。言葉の由来を説明しますと、「ボイド」は英語で「Boid」と書きます。鳥は英語でBirdと書きますが、それに、「〜っぽいもの」という意味の「-oid」をくっつけた言葉です（Bird + -oid → Boid)。つまり、「鳥っぽいもの」といった意味になります。

この言葉の通り、ボイドは、コンピューターの中で鳥の群れとそっくりな動きをします。ボイドが従うルールは、次のような、たった三つのシンプルなものです。

＜ボイドモデルのルール＞
①近づきすぎたら離れる（ぶつからないように）
②となりを飛んでいる鳥と、飛ぶ速さと方向を合わせる
③仲間が多くいる方向へ近づく（はぐれないように）

たったこれだけのルールですが、ボイドの群れは、本物の鳥の群れのように複雑な動きを示します。また、障害物があって群れが二つに分かれてしまっても、後でまた一つに合流するなど、とてもダイナミックな動きをしていくのです。レイノルズが考えたボイドモデルは、その後、コンピューター・グラフィックスなどの分野に応用され、鳥や動物の群れを表現するときなどに使われています。

ボイドモデルは、世界中の人々を驚かせました。なぜならば、たった三つのシンプルなルールから、鳥の群れのような複雑な動きが生まれたからです。それまでは、シンプルなルールからはシンプルな結果しか生まれないという常識に皆が囚われていました。けれども、レイノルズは、シンプルなルールに従うシステムも複雑な挙動に見えることを発見したのです。このように、**相互に関連する複数の要因が集まることで、全体として複雑な挙動を示すシステムのことを「複雑系」と呼びます**。複雑系では、個々の要素が複雑に絡み合って状況が変化していくため、その構成要素からシステムの未来を予測することが難しくなります。システムを全体として見た時に、個々の要素には無い特徴が現れると捉えることもできます。

複雑系の例は、生態系、金融市場、気象など、自然界や人間社会のいろいろなところに見つけることができます。例えば、私たちの社会そのものも、複雑系の一例です。私たち一人ひとりの行動は、お腹がすいたからご飯を食べるとか、眠くなったから寝るとか、何かしら理由がありますね。そして、人間がいろいろな行動を起こす際の理由については、心理学や脳科学などで研究されています。けれども、人間がたくさん集まった社会全体で今後何が起きるかについては、個々の人間に心理学や脳科学を当てはめて積み上げ式に推論してみても、なかなか予測はできません。つまり、「社会＝単なる人間の足し算」ではないわけです。社会全体を一つのシステムとして見た時に、個々の人間には無い特徴が現れてきます。

世の中には、将来起きることを予言する人たちもいますが、予言がなかなか当たらないのは、この世の中が複雑系だからです。ちなみに、著者は金融関係の仕事をしていますが、どんなに経済学や金融工学を勉強しても、５分後の株価を当てることすらできません。むしろ、経済学や金融工学は、株価が予測できないことを前提に理論が作られています。ですから、みなさんが株式投資で損をしたときや、人生で思い通りに行かないことがあった時は、自分を責めたりせず、「複雑系だから」と唱えて気持ちを切り替えるのが一番です。

3-2.

生き物の仕組みをまねたゲームがあるって本当?

みなさんは、都会と田舎の、どちらが好きですか？　田舎はのんびり暮らせますが、過疎化が進んで周りに誰もいなくなると、生活していけなくなるかもしれません。一方で、都会は刺激も多く生活に便利ですが、どこに行っても人だらけで、満員電車なんて、ウンザリしてしまいますね。人間は集団生活をする動物なので、誰も一人では生きていけませんが、多すぎても辛くなってしまいます。

人間以外の生き物でも、その辺の事情は同じです。集団生活をする生き物は、群れの仲間と協力してエサをとったり、敵と戦ったりしなければ生きていけません。けれども、逆に仲間が大発生してしまうと、エサ不足やストレスで死んでしまいます。**人間を含め、集団生活をする動物にとっては、周りに仲間がどれくらいいるのかは、生死を分ける重要な問題**

です。

　ごく単純化して考えると、生き物は、**周りにいる仲間の数によって「生」と「死」が切り替わるスイッチ**のようなものとみなせるかもしれません。これからご紹介する**「ライフ・ゲーム」**は、そのような生物の特徴にヒントを得て生み出されました。

　ライフ・ゲームは、コンピューターの中で実行されます。まず、画面を格子状に分割し、それぞれのセルが周囲の状況に応じて白（死）か黒（生）のいずれかの状態を取ります。ここで「周囲」とは、そのセルを取り囲んでいる８個のセルを指します（図表３－b）。

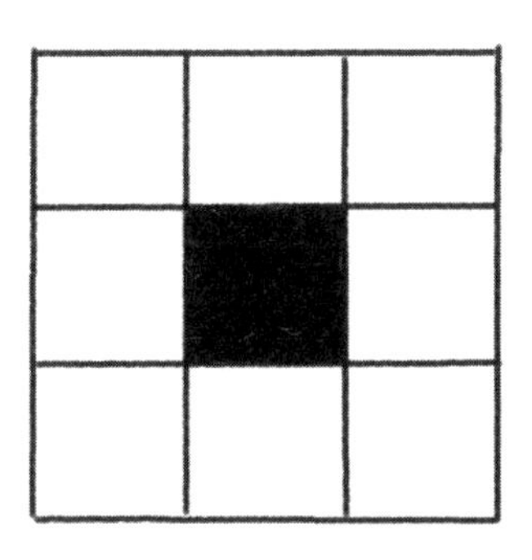

図表３－b　セルとその周囲

〈T〉

　図の説明：中央のセルは、その周囲の８個のセルにいくつ黒があるかによって、次ステップでの生死が決まる。上記の例では、周辺セルは全て白（死）なので、パターン③（過疎）に該当し、中央のセルは次のステップで死んでしまう。

セルの状態を決めるルールは、以下のようなものです。

① **誕生**：死んでいるセル（白）の周囲に三つの生きているセル（黒）があると、次のステップでは生きる（黒くなる）。

② **維持**：生きているセル（黒）の周囲に二つか三つの生きているセル（黒）があると、次のステップでも生きる（黒のまま）。

③ **死亡**：上記以外の場合は、次のステップで死ぬ（白くなる）。つまり、周囲に四つ以上の生きているセル（黒）があると人口過密で死に、周囲の生きているセル（黒）が一つか全くない場合は過疎で死ぬ。

以上の、たった三つのルールだけでゲームが動いていきます。ゲームを始める際は、最初の「群れの状態」、つまり、生きているセル（黒）がどれなのかを決めてやる必要があります。そのあとは、三つのルールに従ってセルの生死が刻々と変化し、本物の生物集団のように、とても複雑な振る舞いをするのです。

どのセルを黒にするかは、自由に決めて構いません。あなたがライフ・ゲームをプレイするためのアプリケーション（webからダウンロードできるものがいくつかあり、「Golly」などが有名）を立ち上げると、まずは全てのセルが白（死）の状態で画面が表示されます。そこで、自分が黒くしたいセルをクリックすると、そのセルの色が黒く変わります。そうやって、生きているセル（黒）の配置を決めた後にスタートボタンを押せば、ライフ・ゲームが始まります。

多くのアプリケーションでは、配置のサンプルが予(あらかじ)めいくつか用意されています。そのため、自分で配置を決めるのが面倒な場合は、それらのサンプルを実行すれば、手っ取り早くライフ・ゲームを体験することができます。ちなみに、画面上にセルが全部で何個あるかはソフトウェアによって違いますが、大抵の場合はセルの数は十分に多いので、安心して色々な初期配置を試すことができます。

生物の「子づくり」を数学的に考えた人

ライフ・ゲームを考え出したのは、イギリスの数学者**ジョン・コンウェイ**です。彼は、**「セル・オートマトン」**という数理モデルからヒントを得て、このようなゲームを発明しました。セル・オートマトンとは、コンピューターの生みの親として知られるアメリカの数学者**ジョン・フォン・ノイマン**と、**スタニスワフ・ウラム**によって開発された、研究用の数理計算モデルです。

ノイマンは当時、生物が自分自身のコピー、つまり子どもをつくる機能を、数学的に再現する研究に取り組んでいました。彼は、生物を単純化したモデルである、多数のセルの集まりを分析対象として考えます。セルは「細胞」に相当するもので、一つのセルが29種類の状態を取りうるとし、それぞれのセルは周辺のセルと相互作用を起こして状態が変わっていくとしました。そのような設定の下で、ある初期状態から計算をスタートすると、セルの集合体がコピー機のように複製を始め、自分と同じセルの集合体を生み出していくことを発見したのです。つまり彼は、生物の自己複製を数理的に再現することに成功したのでした。彼はその複製システムに、「ユニバーサル・コンストラクタ」という名前を付けています。なんとノイマンは、今のようなコンピューターが無かった時代に、ペンと方眼紙だけでこのような計算を成し遂げたのです。

コンウェイはこの数理モデルを知り、セルの状態をもっと単純に2種類だけとし、それぞれを「生（黒）」と「死（白）」に対応させれば、生物集団を単純化したモデルが創れるのではないかと考えました。そうして生み出されたのがライフ・ゲームです。ライフ・ゲームはルールこそ単純ですが、とても複雑な“振る舞い”をすることで知られていて、いろいろなパターンが研究されています。

単純なルールが生む複雑な模様

代表的な例として、**「グライダー」**と名付けられたパターンを紹介しましょう。図表３－ｃの一番左側のボックスを見て下さい。五つの黒いセルがＶ字型に並んでいて、ここからライフ・ゲームがスタートします。この状態から１ステップ進んだのが、すぐ右隣りのボックスです。二つのセルが死に（白）、代わりに新たな二つのセルが誕生（黒）したことで、全体の形が少し変わりました。さらにステップを進めていくと、５ステップ目で元の形に戻りますが、よく見てみると、全体の位置が少し右下にずれています。

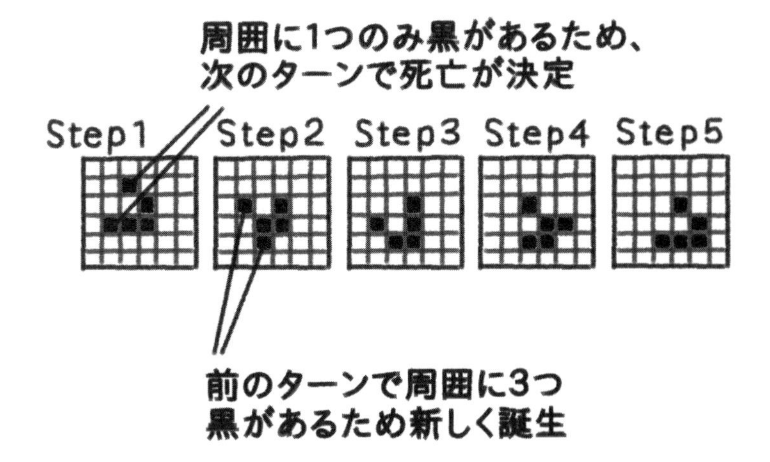

図表３－ｃ　グライダー

〈T〉

つまり、「グライダー」のパターンは、**４ステップ毎に全**

体が右下にずれていくのです。その結果、ステップを進めていくと、まるでグライダーが飛行しているかのように、V字型の図形が一直線に移動していきます。

これの発展形で、**「グライダー銃」**というものもあります（図表3－d）。変化のパターンが複雑なので、この図ではある時点のスナップショットだけ掲載しますが、グライダー銃は一定周期で次々とグライダーを生成し、発射していきます。まるで生物が子どもを産むようにグライダーを生み出していくことから、**「繁殖型」**とも呼ばれます。

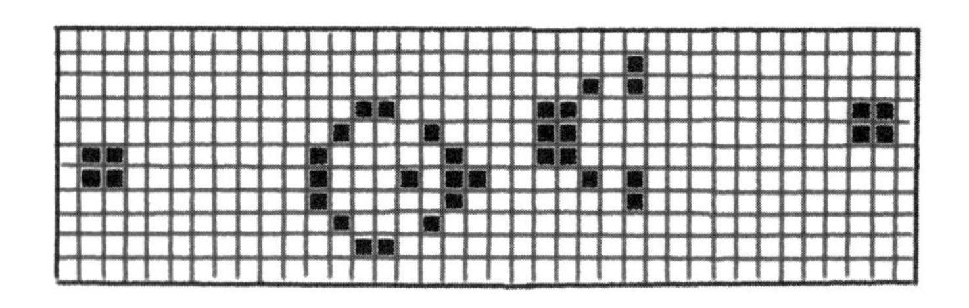

図表3－d　グライダー銃

〈T〉

おもしろいことに、ある特定の配置からスタートすると、CHAPTER. 1の「かたち」で紹介したフラクタル図形が姿を現すことがあります。例えば、横一列に黒セルを非常に長く並べた状態から始めると、**「シェルピンスキーのギャスケット」**として知られるフラクタル図形が出現します。ただの一直線の「群れ」から、複雑な自己相似の図形が出現するなんて、何とも不思議な話です。

図表３－ｅ　シェルピンスキーのギャスケット

著者が「Golly 3.2」を用いて作成

ライフ・ゲームと貝の模様

ライフ・ゲームを使って、自然界に存在する複雑な模様を生み出すこともできます。よく知られているのが、イギリス人理論物理学者の**スティーブン・ウルフラム**によって考案された**「ルール30」**というパターンです。これは、通常のライフ・ゲームとは異なり、一直線に並んだマス目の上でセルの変化を考える「１次元ライフ・ゲーム」をベースとしています。

２次元ライフ・ゲームでは、自分の周辺を取り囲む八つのセルの状態（白か黒か）で次の生死が決まりました。

１次元ライフ・ゲームも同様に、周辺セルの状態で次が決まります。

ただし、１次元ライフ・ゲームの場合、隣接しているセルは左隣り・右隣りの二つしかありません。
　つまり、左隣りと右隣り、そして自分自身の白黒だけを考えれば良いのです。

　では、どのようにしてルールを決めるのでしょうか？　決め方にはいくつかバリエーションがあるのですが、ここでは**「ルール30」**と呼ばれるものを紹介します。図３－ｆが、ルール30の規則を模式的に表したものです。

　図の上段は、「左隣り、自分、右隣り」という連なる３セルの白・黒パターンを示しています。
　それぞれのセル毎に白か黒の２パターンがあるので、全部で２×２×２＝８パターンです。
　そして下段は、次のステップにおける「自分（中央セル）」の状態（白か黒か）を表しています。

　例えば、左から２番目は、「左隣り：黒、自分：黒、右隣り：白」という状態に対応します。
　この状況だと、次のステップでは自分（中央セル）は白になります。

　このように、ありうる８パターン全てについて次の状態を定めておけば、どんな場合でも次が決まり、ゲームが進行していくわけです。

ちなみに、なぜ「ルール30」という名前なのかというと、図表3－fで示したセル変化のルールにおいて、各パターンから次のステップに移ったときの中央のセルの状態について白を0、黒を1と置き換えると「00011110」になり、この数字が2進法における「30」を意味するからです。

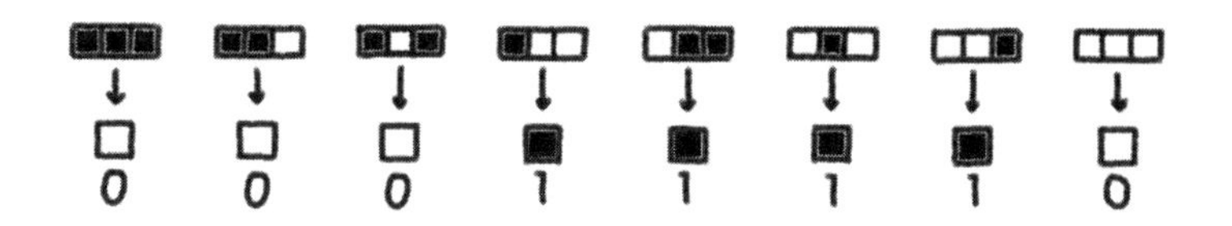

図表3－f　ルール30

横1列に無数に並んだセルのうち、たった1カ所だけ黒があり、それ以外は全て白という状態からスタートします。その後、ルール30の下でステップが進むごとに、新しい結果の列を前の列の下に追加していきます。そうすると、図表3－gのような複雑なパターンが描かれていきます。この図では、三角形の上側の頂点が、最初のステップにおける黒いセルになります。その後、新しいステップの列を下に追加していくことで、このように2次元の模様ができ上がっていきます。

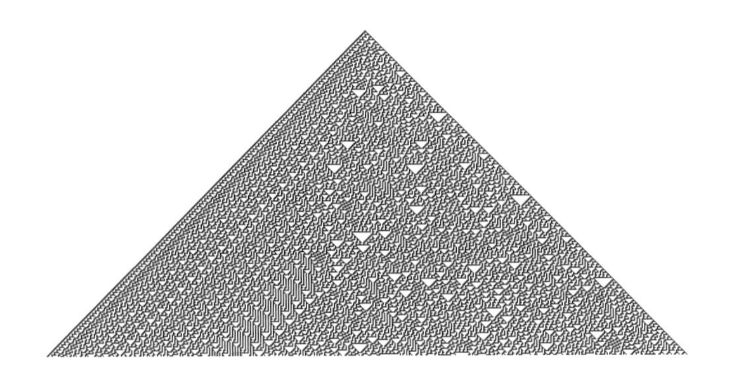

図表３－ｇ　ルール30に基づいてできあがった複雑な図形

"Wolfram MathWorld" Rule30より引用 http://mathworld.wolfram.com/Rule30.html

この不思議な模様は、**イモガイ**の貝殻に見られるパターンとそっくりです。なぜ貝殻の模様と似るかというと、貝殻の模様を作る仕組みが、ライフ・ゲームに似ているからです。イモガイの貝殻のふちには帯状に並んだ色素細胞があるのですが、**ある色素細胞が活性化して色素を分泌し始めると、同時に周囲の色素細胞の活性化を邪魔する**ようになっています。このような周囲の細胞との相互作用は、ライフ・ゲームにそっくりですね。また、色素細胞は帯状に並んでいるため、特に１次元ライフ・ゲームに似ていると言えるでしょう。貝殻のふちで１次元ライフ・ゲームが展開されているような感じです。

１次元ライフ・ゲームでは、ステップが進むごとに新しい結果の列が下に追加されていきますが、イモガイも同じようにして模様を作ります。ふちが伸びていくことで貝殻が成長するのですが、その際に、ふちで作られた模様が貝殻に刻まれていくので、ちょうど、ライフ・ゲームの新しいステップを付け足しながら模様を作っているような状況になるのです。

この複雑な模様は、身を隠すために役立ちます。実は、イモガイは猛毒の持ち主で、近づいてきた小魚を「毒銛（どくもり）」という長い毒針のようなもので刺して麻痺させ、丸呑みにしてしまうのです。イモガイ自体はゆっくりとしか動けませんが、ルール30に似た貝殻模様は砂や岩に紛れて分かりにくいので、魚が気付かずに毒銛の射程圏に近づいてしまうのです。

図表3－h　イモガイ

ルール30が生成する模様は、最初の黒セルの位置を少し変えるだけで、大きく変わってしまいます。そのため、ルール 30 が生み出すパターンは、**初期値に非常に敏感な「カオス系」**だと考えられています。最終的な結果が予測しづらく、実質的にランダムに近いと考えることもできるため、乱数生成のために使われることもあります。実際のところ、イモガイの貝殻模様も個体ごとにさまざまに異なっています。それは、模様が形成される際のちょっとした条件の違いによって、無数のパターンが生まれるカオス系だからです。全ての個体が同じ模様だと、「これがイモガイだな」と分かってエサの魚に逃げられやすくなると考えれば、とても巧妙な生存戦略と言えるでしょう。

生物の仕組みにヒントを得て誕生したライフ・ゲームですが、今では生命現象の理解やカオス系の研究、乱数の生成など、さまざまな分野へ応用されています。紙切れ一枚に書けるような単純なルールから、こんなに深い世界が広がっていくのは、本当に驚きとしか言えません。ちなみに、イモガイは日本の温かい地域の海にも生息していますが、その毒は 1 匹で 30 人を殺せるほど強力なので、海水浴中に見つけても、ライフ・ゲーム研究のために持って帰ろうなどとは考えないほうが無難でしょう。

3-3.
交通費の計算は何千年もかかる？

〈T〉

サラリーマンの仕事の中でも、営業職は、とりわけノルマが厳しい職種です。今月いくつの企業を訪問して、何件契約を取ったのか？　それによって、営業部長が天使になったり、悪魔になったりします。昨今では、「ブラック企業」という言葉が定着しつつあるように、あまりに過酷な労働環境は是正される方向へ社会が動いているようですが、未だに昭和の価値観を持つ熱血上司は、今日も日本のどこかで部下を叱咤激励(しったげきれい)していることでしょう。

さてここで、ちょっとした思考遊びをしてみましょう。ここは、とあるブラック企業のオフィスです。営業部員の冨島さんは、残業を終えて帰ろうとしたところ、とつぜん営業部長に呼び出されました。そして、「明日の始発で家を出て、20カ所の都市を回って在庫商品を売ってこい。それまでは家にも会社にも帰ってくるな！　もちろん、交通費はお前の自腹だ」と言われてしまいました。妻に財布を握られている冨島さんは、自分のお小遣いの中から交通費を捻出(ねんしゅつ)して、20都市を回らなければなりません。

冨島さんを助けるつもりで、最小の交通費でミッションを達成する方法を一緒に考えていきましょう。ここでは、状況を簡単にするために、交通費は移動距離に比例すると考えます。つまり、同じ距離を飛行機で移動するのか、新幹線で移動するのかといった違いによらず、単純に移動距離に比例して交通費が増えていくことにします。そうすると、交通費を最小限に抑えるためには、20都市全てを最短距離で1回ずつ訪問できればよいことになります。このように、複数の都市を最短距離で1回ずつ訪問する方法を求める問題を**「巡回セールスマン問題」**と呼びます。

まずは4都市で考える

もっとも丁寧な解決策は、ありうる全ての行き方について移動距離（＝交通費）を計算し、それが最小の行き方を選ぶというものです。そこでまず、ありうる行き方が何通りあるかを考えましょう。地図の上に思いついた行き方を書き込んでいくという方法ではキリがないので、数学の力を使って状況を単純化します。結局、この問題は、**「それぞれの都市を、何番目に訪問するか」という問題に等しい**のです。

20都市だと多すぎてイメージしにくいので、「札幌、東京、大阪、福岡」の４都市だけの場合をまず考えてみましょう。冨島さんは東京住まいだとすると、スタート地点とゴール地点は東京になります。２番目に訪問する都市は、東京を除いた残り３都市が選択肢になります。３番目は、まだ訪問していない２都市、そして４番目は、残りの１都市です。

つまり、単純計算では

２番目の選び方（３通り）×３番目の選び方（２通り）×４番目の選び方（１通り）＝６通り

となります。

結果として、図表３－ｉのようになります。

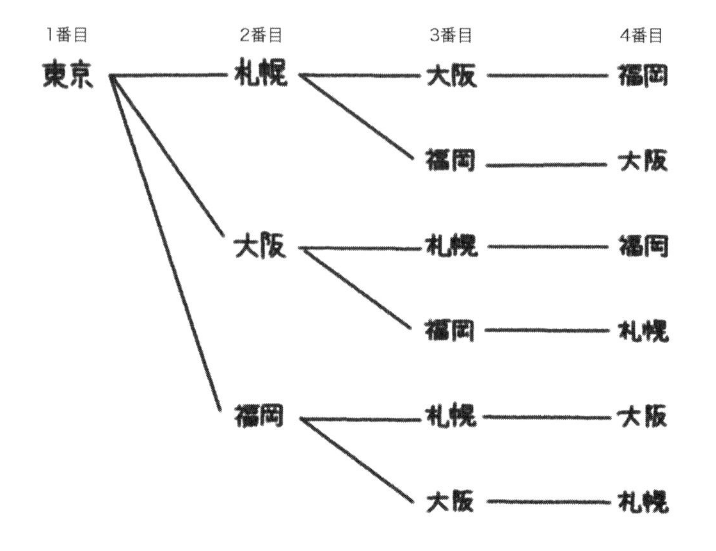

図表３－ｉ　東京から４都市へ回る方法

〈T〉

ここで、ツリーの枝を数えて、単純に“６通り”とするのは早とちりです。例えば、ツリーの最上部の「東京→札幌→大阪→福岡」と、最下部の「東京→福岡→大阪→札幌」は、同じ道を逆に辿っているだけなので、ダブルカウントになっています。このようなダブルカウントを除くと、実際の行き方は６÷２＝３通りとなります。

これは、「(3×2×1)÷2＝3通り」と書くこともできます。同様に考えると、もっと都市数が増えた場合でも計算できるようになります。例えば６都市の場合は、

(5×4×3×2×1)÷2＝60通り

となります。４都市の場合に比べて、ずいぶん行き方が増えました。ところで、いちいち５×４×……と書いていくのは面倒だと思いませんか？　実は、便利な記号があります。数学では、「5!」と書くと、「５×４×３×２×１」の意味になるのです。つまり**「□ !」と書くと、「１から□までの整数を順番に掛けていく」という意味になります**。このような計算は**「階乗（かいじょう）」**と呼ばれます。

では次に、10都市の場合を考えてみましょう。行き方の総数は、

$$9! \div 2 = (9\times 8\times 7\times 6\times 5\times 4\times 3\times 2\times 1) \div 2 = 181{,}440$$ 通り

となり、約18万通りもあるのです。このように、都市の数が少し増えただけで、行き方のパターンは爆発的に増えていきます。では、いよいよ、20都市の場合の行き方の総数を求めてみましょう。

$$19! \div 2 = (19\times 18\times \cdots\cdots \times 2\times 1) \div 2$$
$$= 60{,}822{,}550{,}204{,}416{,}000$$

なんと、約６京（けい）822兆通りになってしまいました。これだと、冨島さんの手元の電卓では、とても計算しきれません。これほどの計算をこなすには、高性能なコンピューターが必要です。例えば、１秒間に１京回の計算をこなすスーパーコ

ンピューター「京」であれば、全ての行き方のパターンを6秒ほどで計算し、移動距離が最も短い行き方を見つけ出すことができます。ただし、スーパーコンピューターを借りるために大金をはたくよりは、当てずっぽうの経路で20都市をとっとと訪問してしまったほうが、よっぽど安上がりかもしれません。

何とか20都市を訪問して戻ってきた冨島さんを、営業部長が温かく迎えてくれました。冨島さんをねぎらう飲み会で、営業部長がこう言います。「よく頑張ったな。じゃあ次は、30都市を回ってこい。それまでは（以下略）」

さて、30都市の場合は、何通りの行き方があるのでしょうか？　計算してみると、

29!÷2＝4,420,880,996,869,850,000,000,000,000,000

となり、442穣（じょう）880𥝱（じょ）9968垓（がい）6985京通りという、天文学的な数になります。この全パターンをスーパーコンピューター「京」で調べるとすると、1秒に1京回の計算ができるので、計算時間の目安は(29!÷2)÷1京＝442,088,099,686,985秒となり、約1400万年かかることになります。

都市の数が増えていくと、行き方のパターンは爆発的に増えていきます。このように、要素の数が増えるにつれて組み

合わせが急激に増え、計算が困難になる現象を**「組み合わせ爆発」**と呼びます。組み合わせ爆発が起きるような問題では、総当たり的に全ての経路を調べる方法は時間がいくらあっても足りません。そこで、**本当の最短経路を探すことはあきらめ、それに近い経路が見つかればOKと考えて解く**方法が使われます。代表的なのが、**「遺伝的アルゴリズム」**と呼ばれる手法です。

この手法では、次のようなステップを繰り返すことで、最短に近い経路を探していきます。

<遺伝的アルゴリズム>

① 都市を巡る経路を、何パターンかランダムに生成する
② それぞれの経路について、移動距離を計算する
③ 移動距離が相対的に短い経路を複数選び出し、それらを掛け合わせて新たな経路を何パターンか生成する
④ ②と③を繰り返す

遺伝的アルゴリズムは、農家が品種改良をするときの手順に似ています。例えば昔のニンジンは、色が白くて細長く、ただの根っこと区別がつかないほど貧弱な見た目でした。それに、今のニンジンほどおいしくもなかったようです。それを人間の手によって、少しでもオレンジ色が濃く、太く、甘いものを選別し交配を続けた結果、現代のニンジンになったのです。

都市を巡る経路についても、同じやり方で「品種改良」していくことが可能です。ただし、この場合は甘さや色の鮮やかさでなく、移動距離の短さが選別基準になります。①の段階でランダムに生成される経路は、ニンジンの原種と同じで、あまり魅力がない（移動距離が短くない）ものがほとんどでしょう。そこで、③の段階で少しでも移動距離の短い経路を選別します。そして、それらの優秀な経路を「掛け合わせる」ことで、新しい経路を産み出すのです。

より具体的に言うと、相対的に移動距離が短かった二つの経路を父親・母親として、子どもの経路が生み出されます。子どもの経路は、父親・母親の経路からそれぞれ一部を切り出して、パッチワーク的に貼り合わせることで作ります。人間の子どもでも、目は母親似で口元は父親似など、父母の特徴がパッチワーク的に現れたりしますが、それに似ているとも言えるでしょう。その上で、一部の経路については、都市の順番を部分的にランダムに変更する「突然変異」も作用させます。突然変異を作用させることで、父母よりも優れた（移動距離が短い）経路が生まれる場合もあるからです。この辺は、父母の遺伝子が混ざって子どもができるという遺伝の仕組みを応用しています。生物界においては、偶然の突然変異によって異なる特性を持つ個体が現れることがありますが、それが自然選択において有利に働いた場合は繁栄し、種の進化に繋がります。経路に突然変異を作用させるのは、このような進化を期待してのことです。

以上の手順で生まれた複数の子ども経路について、移動距離の短い経路をまた選別し、同様の手順を繰り返していきます。移動距離が短い経路を選別して交配するので、世代を経るごとに、より移動距離の短い子どもが生まれるようになっていきます。これは、優秀な遺伝子を選別していく品種改良（あるいは自然淘汰）の仕組みを応用しているため、「遺伝的アルゴリズム」と呼ばれているのです。

遺伝的アルゴリズムは、あり得る経路のうちほんの一部しか調べていないことになりますが、現実的な計算時間で「そこそこの」解を探してきてくれます。多くの場合、実用的にはそれで充分なわけです。見方を変えれば、私たち自身の遺伝子も、遺伝的アルゴリズム（進化）によって見つかった「そこそこの」解であるとも言えるでしょう。最強にIQが高いわけでもなく、絶対病気にかからないわけでもないですが、生存競争を現代まで勝ち抜いてきた遺伝子であることは間違いありません。だからこそ、「そこそこ」の人生は歩んでいけるのです。

〈T〉

3-4.

北半球の台風の渦は本当に左巻きなの？

毎年夏頃になると、台風接近のニュースが聞こえてきます。矢継ぎ早に何度も台風が来る年なんかは、「またか」と嫌になってしまいますね。台風にワクワクしてパトロールに出かける人も中にはいますが、安全面には気を遣いたいものです。

今の時代は本当に科学が進んでいて、気象衛星や宇宙ステーションから台風の全体像を撮影することさえ可能です。そのような画像はネットでも見ることができますが、これらをよく見ると南半球と北半球で、台風の巻き方が違うことが分かります。例えば、**北半球にある日本の上空を通る台風は必ず左巻きで**（図表３－j）、**南半球にあるオーストラリア上空を通る台風は必ず右巻きです**（図表３－k）。このことから、台風以外の大気や水の渦についても、北半球の渦は必ず左巻きで、南半球の渦は必ず右巻きだという説も、まことしやかにささやかれています。

図表３－ｊ　北半球の台風（2019 年２月25 日　平成 31 年台風２号）

提供：情報通信研究機構（NICT）

図表３－ｋ　南半球の台風（2019 年２月19 日　サイクロン「オーマ」）

提供：情報通信研究機構（NICT）

そもそも、なぜ北と南で巻き方が違うのでしょうか？　これには、地球の自転によって生じる**「コリオリ力」**が関係しています。コリオリ力とは、**地球の自転によって地面そのものが動いていくことによる、見せかけの力**です。これだけでは分かりづらいので、コリオリ力を視覚的なイメージで理解していきましょう。

「コリオリ力」ってどんな力？

仮にあなたが北極点まで足を運び、ものすごいジャンプ力ではるか上空へ飛び立ったとします。成層圏まで到達して地球を見下ろすと、地球が左回りに自転していることが分かるでしょう。

それでは、左回りに回転している地球の上で、北極から南へ向かってボールを投げる状況を想像してみましょう。図表3－1を見ながら考えると分かりやすいかもしれません。ボール自体はまっすぐ飛んでいきますが、ボールが飛んでいる間、地球の自転により地面そのものが動くため、ボールは真南ではなく、それより西（進行方向右手）へずれた位置に着地します。宇宙空間から地球を見つめる「神の視点（もしくは宇宙飛行士の視点）」であれば、動いたのは地面であって、ボール自体はまっすぐ飛んで行ったと思うでしょう。しかし、地球にいてボールを投げた人からすると、ボールの軌道が勝手に右へずれたように見えます。つまり、ボールに対して、見せかけの右向きの力が働いたように見えるのです。これが、

「コリオリ力」の正体です。つまり、「神の視点」ではなく「人の視点」で見た場合に感じられる、見せかけの力なのです。

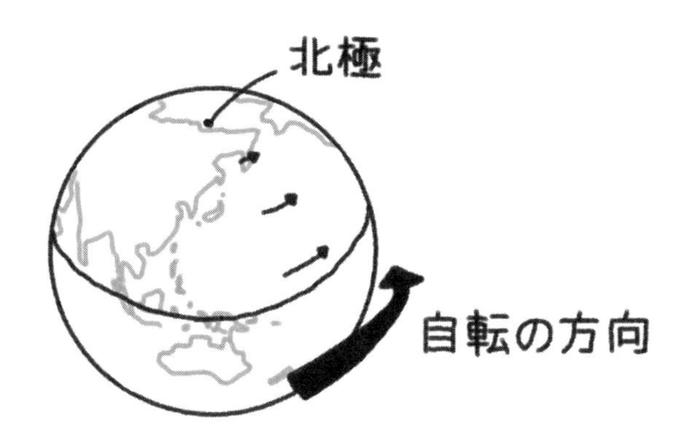

図表３－１　コリオリ力は南北方向に動く物体に働く

〈T〉

コリオリ力は北極・南極で最も大きく、赤道に近づくほど弱くなります。そして赤道では、コリオリ力はゼロになってしまいます。なぜかというと、赤道にいる人は、地球の自転によって自分自身も動いているからです。その人が投げたボールは、初めから地球の自転方向に勢いがついた状態になります。そのため、ボール自身が地球の自転に合わせて東へズレながら飛んでいくので、見せかけのコリオリ力は生じません。一方、北極・南極では、ボールを投げる人が地球の自転軸に近い所にいるため、地球の自転運動による勢いがついていません。そのため、投げたボールも地球の自転による勢いがつかず、見せかけの力（コリオリ力）が生じるのです。

北半球と南半球は何がちがう？

コリオリ力の正体が分かったところで、北半球の台風が左巻きになる理由を考えましょう。そもそも台風とは、**気圧が非常に低くなった場所に向かって、ものすごい勢いで風が吹き込む現象**です。よく、天気予報で低気圧や高気圧といった言葉が使われていますが、高気圧とは、周囲に比べて気圧が高い（空気の密度が高い）場所のことを指します。一方で低気圧とは、周囲に比べて気圧が低い（空気の密度が低い）場所のことです。**空気は、密度が高いところから低いところへ移ろうとするので、高気圧地域から低気圧地域へ向かって風が吹き込んでいきます。**

そして、さまざまな気象条件が重なって極端な低気圧が生じたとき、周囲の風がすさまじい勢いで低気圧の中心へ向かって吹き込んでいき、暴風を生み出します。それが「台風」と呼ばれる現象です。もし、コリオリ力が働いていなかったら、風は台風の目（低気圧中心）に向かってまっすぐ吹き込んでいくはずです。しかし、実際はコリオリ力が働いており、その強さは赤道に近いほど弱くなるので、北半球では図表３－ｍのような関係になります。

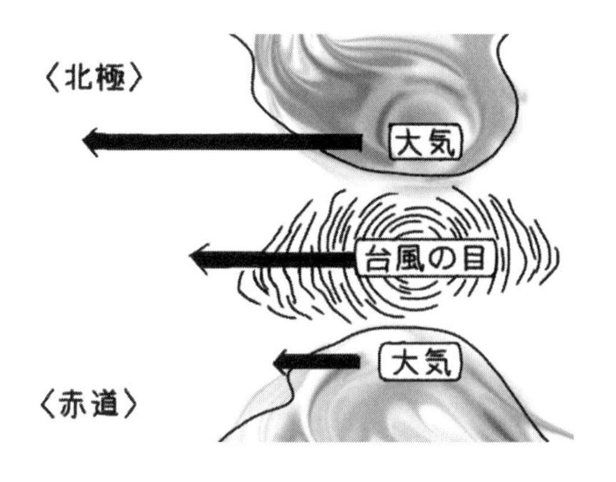

図表３－ｍ　北半球でのコリオリ力

〈T〉

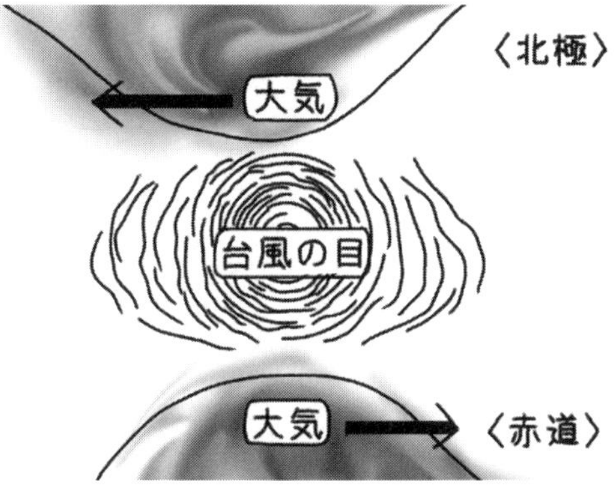

図表３－ｎ　台風の目から見た場合の大気の動き

〈T〉

　ここで注意すべきなのは、**台風の目自体も、コリオリ力の力を受けて移動している**点です。そこで、台風の目を中心に周囲を見るために、台風の目が受けているコリオリ力を差し引いて考えましょう。すると図表３－ｎのように、北側の大気は左方向に、南側の大気は右方向に力を受けていることになります。南側の大気については、もともとは左方向のコリオリ力を受けていますが、台風の目が受けているコリオリ力よりも弱いため、台風の目が受けるコリオリ力を差し引いて考えると、右向きの力がかかっているように見えるわけです。その結果、台風の目の周囲には左方向の回転力が生じ、台風が左巻きになるのです。南半球では、北方向に赤道、南方向に極（南極）があるため、コリオリ力の大小関係が逆になり、結果として、台風は右巻きになります。

ただし、地球の自転によって生じるコリオリ力は非常に微弱です。そのため、台風のような大規模な現象や、非常な長距離を飛行する大陸間弾道弾の軌道計算などには重要ですが、バスタブなど日常生活でお目にかかる渦にはほとんど影響を及ぼしません。そのため、「北半球の渦は必ず左巻き」という話は、単なる迷信です。洗面台やバスタブ、プールから水を抜く時などに生じる渦の方向は、ちょっとした条件の違いで右巻きにも左巻きにもなり、北半球・南半球による違いはありません。もちろん、プロの科学者が厳密に環境を整えて、コリオリ力以外の全ての影響を取り除いた上で実験を行えば、バスタブで見られるような小さな渦であっても、北半球では左巻き、南半球では右巻きというコリオリ力の影響を観測できる可能性はあるでしょう。

3-5.

ロケットは、なぜ空気がなくても飛べるの？

〈T〉

飛行機とロケット、どちらも空飛ぶ乗り物ですが、飛行機は空気がないと飛べないのに対して、ロケットは空気の無い宇宙空間でも飛ぶことができます。なぜなのでしょうか？　実は、飛行機とロケットでは、飛ぶ仕組みが全く違うのです。

ロケットが飛ぶ仕組み

ロケットの構造は複雑なので、独自開発のロケットによる人工衛星の打ち上げ能力を持つ国は、まだ数えるほどしかありません（ロシア、アメリカ、フランス、日本、中国、イギリス、インドなど）。技術的にはそれほど難しいわけですが、ロケットが宇宙まで飛んでいく原理そのものは、実はとても簡単です。ロケットは、**「運動量保存則」**と呼ばれる法則を利用して飛んでいるのです。

「運動量保存則」という言葉を、初めて聞いた方もいらっしゃるかもしれません。これは、動いている物体を支配する物理法則の一つです。物を動かそうとしたとき、軽いものは簡単に動かせますが、重いものを動かすのは大変ですよね。そのことを数学的に厳密に表したのが、「運動量保存則」です。**物を動かそうとするときの大変さは、重さ（質量）と速さ（速度）で決まります**。軽いビー玉を動かすよりも、重い机を動かすほうが大変でしょう。また、野球のボールを時速10km で投げるよりも、時速 100km で投げるほうが大変です。プロ野球投手の球速は時速 150km を超える場合もあるそうですが、早く投げることが難しいからこそ、プロ野球というビジネスが成立します。

物を動かす上で、質量が大きいほど、そして速度が大きいほど難しいのならば、いっそのこと二つを掛け算して難しさを一つの基準で表せないでしょうか？　物理学の世界では、このような考え方に基づいて運動を議論するのが一般的で、質量と速度を掛け算した値は「運動量」と名付けられています。そして、次のような法則が成り立つことが知られています。

運動量保存則

外から力が加わらなければ、
「質量×速度（＝運動量）」の総和は一定に保たれる

これだけだと分かりづらいので、具体例で考えてみましょう。左側から時速 100km で飛んでくる質量 10kg の鉄球が、静止している別の鉄球に当たるところを考えます。静止している鉄球には強力な粘着テープが貼られていて、飛んでくる鉄球と衝突した瞬間、二つの鉄球がくっついてしまうことにしましょう。このとき、仮に静止している鉄球が 1kgの場合、ぶつかった後の速度はどうなるでしょうか？　運動量保存則によると、「質量×速度」が変わらないはずなので、

10kg × 100km/ 時＝ 11kg ×□ km/ 時

が成り立つはずですね（重力や空気抵抗等は無視しています）。この式を解くと、□に入る数は約 91 になります。静止している鉄球とくっついて重くなった分、速度が落ちることを正確に計算できました。では、静止している鉄球が 500kgの場合、ぶつかった後の速度はどうなるでしょう？　同じ要領で

考えると、運動量保存則から、

　10kg × 100km/ 時＝ 510kg ×△ km/ 時

が成り立つはずです。△に入る数を計算すると、約２となります。とても重い鉄球とくっついたため、速度が２ km/ 時まで落ちてしまいました。このように運動量保存則を使えば、運動している物体の振る舞いを知ることができます。

　今度は、逆の状況を考えてみましょう。動いている物体がくっつくのではなく、静止している物体が分裂するという状況です。分かりにくいかもしれませんが、とりあえず、そういう状況になっているとします。静止している物体が分裂して一方が飛んでいくと、もう一方は逆方向へ飛んでいくはずです。なぜならば、静止している物体の「質量×速度」はゼロなので、運動量保存則によれば、分裂したあとの「質量×速度」の総和もゼロになるはずだからです。反対方向はマイナスで表されるので、お互いに符号が逆の運動量を持つことになり、足すとゼロになるように動きが決まります。

　具体例として、質量 100kg の鉄球が、10kgと 90kgに分裂し、10kgの方が時速 90km で左側へ飛んで行ったとしましょう。鉄球が分裂するなんてありえないと思われるかもしれませんが、実は鉄球に割れ目があって、その間に小人が住んでいると想像してみて下さい。小人の家は 90kgの塊のほうにあって、力持ちの小人は、家の外に出て10kgの塊の方を押し上げ、遠くへ勢いよく飛ばしてしまいます。

このとき、90kgの鉄球の速度はどうなるでしょうか？　運動量保存則の式を作ってみると、

100kg×0km/時＝10kg×90km/時＋90kg×○km/時

となり、○に当てはまる数字は、「マイナス10」となります。ここでのマイナスは、反対方向への運動を表しています。つまり、90kgの塊は、時速10kmで右方向へ飛んでいくことになります。

ロケットは、まさにこのような原理で動いています。ただし、ロケットから分離するのは鉄球ではなく、エンジンから噴射される推進剤です。推進剤にも重さがあるので、推進剤を下向きに噴射することで、運動量保存則によりロケットが上方向へ上昇していきます。もちろん、ロケット本体は非常に重いのですが、推進剤をものすごい勢いで噴射することで「質量×速度」（つまり運動量）を大きくし、ロケットを持ち上げるのです。運動量保存則は空気が無くても成り立ちます。そのため、ロケットは宇宙空間も飛んでいけるのです。

運動量保存則を活用すれば宇宙までも行けてしまうだろうと最初に気付いたのは、20世紀初頭に活躍したソ連の科学者

コンスタンチン・ツィオルコフスキーでした。彼は、推進剤をどれくらいの勢いで噴射すれば、ロケットがどれくらいの速度で飛ぶかを計算する**「ツィオルコフスキーの公式」**を産み出し、ロケット工学の基礎を築いたことで知られています。そして、多段式ロケット、宇宙ステーション、スペースコロニーなどの技術を真剣に考察し、「地球は人類のゆりかごだが、いつまでもゆりかごに留まることはできないだろう」という名言を遺しています。

飛行機が飛ぶ仕組み

次は、飛行機が飛ぶ仕組みを見ていきましょう。ロケットと違って、飛行機は空気を利用して飛んでいます。だから、空気の無いところでは飛ぶことができません。飛行機が離陸するときは、滑走路を走りますね。あれは、翼に強い風を当てることが目的です。飛行機の翼に前方から強い風が当たると、翼に接した空気が引きずられることにより、翼の周りに空気の渦が発生します。この渦の効果によって空気の流れが変わり、翼の上部では空気が速めに、下部では遅めに流れるようになります。

このようにして、羽根の上部・下部で空気の流れる速さが変わると、何が起こるのでしょうか？　それを理解するには、**「ベルヌーイの定理」**について知る必要があります。この定理によれば、空気の流れが速いほど、気圧は低下します。つまり、羽の上部における空気の流れが下部よりも速いと、羽の上部の気圧が下部の気圧よりも低くなります。そうすると、気圧の差の分だけ押し上げる力が働き、飛行機が持ち上がることになります。

ベルヌーイの定理

空気の流れが速いほど、気圧が低下する

※ベルヌーイの定理は、厳密には数式で表されますが、
　ここでは概要を言葉で説明しています

こんな話をしても、「そんなにうまくいくのかな？」と半信半疑な気持ちになるかもしれません。著者が高校時代にお世話になった社会科の先生は、「飛行機みたいな鉄の塊が空を飛ぶはずがない。今までの卒業生で、私が納得するような説明をしてくれた人はいない」とおっしゃっていました。そこで、簡単な計算をして、本当に浮くのかどうか確かめてみましょう。

ジャンボジェット機の重さは、約350tです。その翼の面積は、およそテニスコート2面分で、約500m^{2}です。そして滑走路を走るときの速度は、離陸直前では時速250～300kmに達します。その際、翼には時速250～300kmの速さで風が当たっていることになります。このとき、先ほど説明したような仕組みによって、1cm^{2}あたり約70g相当の気圧差が発生します。ちなみに、気圧は本来であればhPa

（ヘクトパスカル）という単位で表すのですが、分かりづらいので、ここでは重さの単位で表しています。70gの物体にかかる重力と同じだけの力を受けるということです。

私たちが普段生活している環境では、気圧はおよそ1気圧です。1気圧は、$1cm^2$あたり1kgの力に相当します。そう考えると、飛行機の翼に生じる気圧差は、1気圧の7%ほど（70g ÷ 1kg = 70g ÷ 1000g = 0.07 = 7%）ということになります。その程度の気圧の違いで、本当に飛行機を持ち上げられるのでしょうか？

実際に、飛行機の翼にかかる力を計算してみましょう。まずは、$1m^2$あたりにかかる力を求めてみます。1m = 100cmなので、$1m^2$ = 100cm × 100cm = $10{,}000cm^2$になります。ということは、$1m^2$あたりにかかる力は、70gの1万倍、つまり、70万g = 700kgになります。700kgというと、お相撲さん4人分くらいですね。ジャンボジェット機の翼の面積は約$500m^2$なので、700kgの500倍の力がかかっていることになります。つまり、

700kg×500＝350,000kg＝350t（1t＝1,000kg）

となり、ちょうどジャンボジェット機を持ち上げられるくらいの力が生まれるのです。小さな力も、たくさん集まるとジャンボジェット機すら持ち上げる力になるのですね。

3-6.

自動運転車は、なぜうまく走れるの？

家族で長距離ドライブに出かけるとき、運転は重労働です。遊び疲れて寝ている奥さんと子どもの寝息を聞きながら、お父さんが夜通しドライブ、というのもよくある話ですが、あと何十年かしたら、そういった光景が過去のものとなるかもしれません。

目的地まで自動で連れて行ってくれる車、そんな夢のような技術が実用化に近づいています。トヨタやフォードなどの自動車メーカーだけでなく、Google（グーグル）などのIT企業も巨額の資金を投じ、世界中で「自動運転車」の研究が進められています。

自動運転車には、レーザー・レーダー（レーザーを使って障害物を検知する機器）やビデオカメラなどの各種センサーが付いていて、前後の車間距離を適切に保ちつつ運転し、前方に人や自転車などの障害物が現れると、瞬時に把握して対応します。また、GPS（全地球測位システム）と連携して、自分の地図上の位置情報を常に把握しながら走行していきます。

一見、GPSからの位置情報が最も重要に思えますが、実は、そうではありません。GPSは、はるか上空の人工衛星と通信して現在位置を把握するシステムのため、どうしても誤差が大きくなってしまうのです。車にカーナビを搭載されている方なら、カーナビ上の表示位置が実際から大きくずれて、海を走っているなんて状況を経験したことがあるかもしれません。GPS自体の精度の限界に加えて、衛星との通信が失敗した場合は、カーナビ本体がタイヤの回転数などから位置を推測している場合もあるため、このようなことが生じます。

カーナビならまだしも、自動運転車がGPSのみに頼っていたのでは、危険が大きすぎます。そのため、自動運転車にとって、GPSの位置情報は単なる補助に過ぎません。精密な位置把握は、車自身に搭載されたセンサーによって行われています。

自動運転をPDCAで考える

とは言うものの、センサーにも誤差があるので、センサーから来た位置情報をそのまま信じるわけにはいきません。ほんの数センチの誤差ですら、大事故につながる可能性があるのです。そのため、自動運転車には、センサーの情報と自分自身の推論を組み合わせて正確な位置を推測するAI（人工知能）が搭載されています。

自動運転車のAIは、ちょうどビジネスマンが事業を進めていくときのように、運転を計画的に実行しています。企業勤めや経営者の方なら、PDCAサイクルという言葉を聞いたことがあるでしょう。「P＝Plan（計画）」→「D＝Do（実行）」→「C＝Check（評価）」→「A＝Act（改善）」のサイクルを回すことで、ビジネスを進めていく考え方です。もともとはアメリカで開発され、日本を含む世界中で親しまれているフレームワークです。自動運転車のAIも、このPDCAサイクルを回しながら運転をしていると考えると、自動運転の仕組みを分かりやすく整理することができます（次ページの図表3－o）。

まずAIは、現在の位置情報から、次の行動計画（Plan）を立案します。例えば、対向車線にはみ出しそうであれば、反対側に動くことで位置を戻そうと計画するでしょう。そして次のステップで、計画を実行（Do）します。その後、直前の位置情報と行動計画に基づいて、新たな現在位置を推定します。例えば、対向車線から離れる方向へ30cm動くという計画を実行したのであれば、現在地はもとの位置よりも30cmほど動いているはずです。

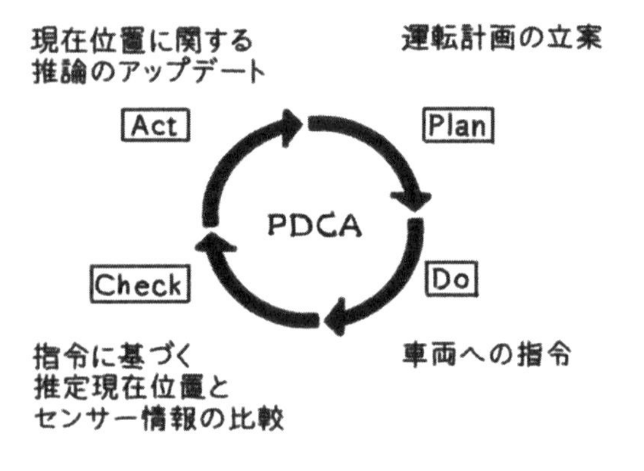

図表３－o　自動運転車の PDCA サイクル

〈T〉

けれども、ここで問題が生じます。もともとの位置情報はセンサーやGPSの信号から割り出したものですが、共に誤差が含まれているので、推定位置にも不確かさが残ってしまいます。例えば図表３－pのように、センサーのノイズによって、現在位置が絞り切れない場合もあるでしょう。また、車自体の動きにも誤差があるので、AIが30cm移動せよと命じても、実際に動いた距離は31cmだったり28cmだったりします。そのため、移動後の推定位置は、さらにあやふやになってしまいます。図表３－pで言えば、「ここらへんにいるはず」という確率の山が、より広がってしまうのです。

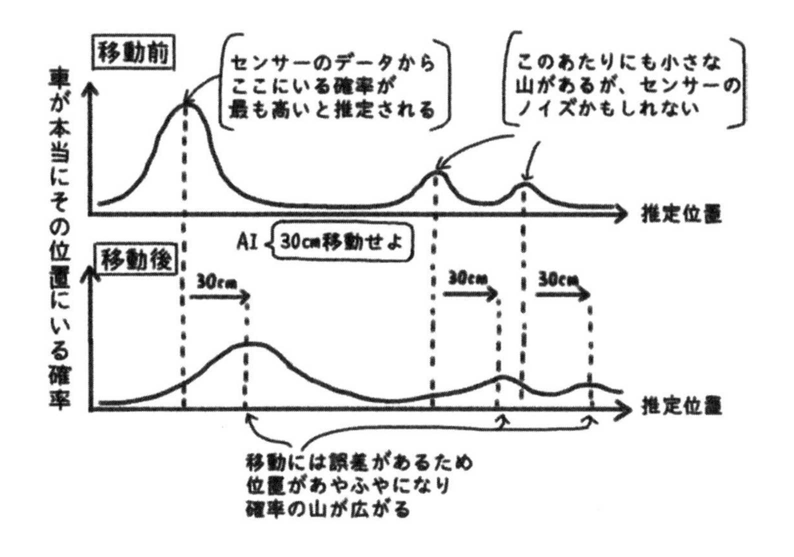

図表３－ｐ　AIによる現在位置の推論

〈T〉

そこでAIは、移動後にセンサーからやってくる新たな情報と、自身の内部計算による推定位置とを照合して、推論をアップデートします。これが、「評価（Check）・改善（Act）」のプロセスです。このプロセスには、**「ベイズ推定」**と呼ばれる手法が用いられます。

「ベイズ推定」は、18世紀にイギリスの数学者トーマス・ベイズによって考案されたもので、新しいデータに基づいて推論を合理的にアップデートしていく数学的手続きです。「統計学」と呼ばれる数学の一分野において、非常に重要な役割を果たしてきました。いろいろな分野で応用されていますが、自動運転車では、センサーからのデータに基づいてAIの推論をアップデートするのに使われます。考え方は単純で、AIによる推論で描かれた確率の山に、センサーからの位置情報に基づいて描かれた確率の山を掛け算するのです。どちらも同じ位置を指し示していた場合は山が高くなり、一方しか指し示していなかった場合は山が低くなるので、より可能性の高い位置が浮き出てきます。つまり、**AIの意見とセンサーの意見が一致した場所を現在位置とみなす**わけです。

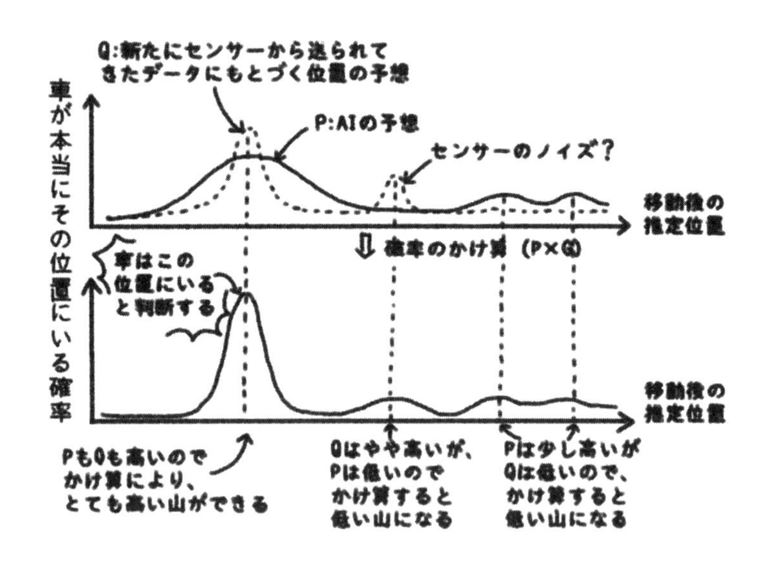

図表3－q　ベイズ推定による推論のアップデート

〈T〉

ベイズ推定は、人間の学習プロセスをコンピューターで模倣したものだと考えることができます。例えば、新商品の売り上げを予測するとしましょう。まず私たちは、自分が持っている情報を元に予測を立てます。その後、限定店舗での試験販売などの結果が予想より良かったり悪かったりすれば、その新しい情報を元に予測を修正するでしょう。同様に、自動運転車の AI も、自分自身でまず予測を立てた後、センサーからの情報を元に予測を修正していくのです。

ベイズ推定を使った自動運転の技術

　ちなみに、「ベイズ推定」というのは考え方の名前であって、それを仕組みに落とし込んで実装する方法は何通りかあります。自動運転車の技術に使われているものとしては、グリッド・ローカライゼーション、カルマンフィルタ・ローカライゼーション、パーティクルフィルター・ローカライゼーションなど、いくつかの方法があります。それぞれ特徴があり、状況に応じて使い分けがなされますが、いずれも「ベイズ推定」の発想に基づいています。

　グリッド・ローカライゼーションは、地面を格子状に区切って考え、それぞれの区画ごとに図表３－ｑのような確率の掛け算を実行していきます。分かりやすいですが、精度を上げるために格子を細かくしていくと計算量が急激に増大し、計算時間が長くなりすぎるという問題があります。

　カルマンフィルタ・ローカライゼーションは、現在位置を表す確率の分布が「正規分布」という左右対称の釣り鐘型をしていると仮定して計算する方法です。この方法は、確率分布のゆがみを無視して計算を進めるため、非常に高速な処理が可能です。しかし、確率の分布が左や右に歪んでいるような場合でも、綺麗な左右対称の分布にムリヤリ当てはめて計算してしまうため、正確性ではやや劣ります。

パーティクルフィルター・ローカライゼーションは、推定した確率の分布に従って、たくさんのシミュレーションを行う方法です。コンピューターの中で車のデジタル分身（パーティクル）を無数に作って走行をシミュレートし、多数のパーティクルの平均位置を現実世界の車の位置とみなします。この方法は、確率の分布が歪んでいたり、センサーのノイズなどで確率の山が複数あったとしても、それらを考慮した上で計算してくれます。ただし、かなりの計算量が必要です。

つまり、正確性をとるか計算の速さをとるかという点で、どれも一長一短があるのです。これらを状況によって使い分けながら計算を進めていきます。以上のような技術を使ってPDCAサイクルを回しながら、AIが人間の代わりに運転をしてくれるのです。ここで注意していただきたいのが、自動運転車のAIは、車の「本当の位置」を知ることは決してないということです。GPSやセンサーが今後いくら正確になっても、誤差がゼロになることはあり得ません。なので、今後も自動運転車は、あくまでAIの「推論」に基づいて運転されることになります。

ゆえに、自動運転車が今後普及していっても、自動車事故をゼロにすることは難しいかもしれません。例えば、自動運転車による年間の事故発生確率が1万分の1だとしても、1億台が走っていれば年間1万件の事故が発生することになります。もちろん、センサーやGPSの精度は今後も上がっていくでしょうが、機械も完璧ではないということは、忘れずにいたいものです。

CHAPTER. 4

とてつもなく
大きな数

アルキメデスは、宇宙を砂で埋め尽くすのに、
砂粒が何個必要かを考えました。その数はどれくらいでしょうか？
1億粒？　1兆粒？　……いえ、それよりずっと大きな数です。
マサチューセッツ工科大学のマックス・テグマーク教授は、
遠い宇宙のどこかに地球の完全なコピーがあり、
あなたの完全なコピーが生活していると言っています。
あなたのコピーは、どれくらい遠くにいるのでしょう？
1兆km？　1000兆km？　……いえ、それよりずっと遠くです。

一組のお父さんとお母さんから生まれる子どもの遺伝子は、
何通りが考えられるでしょうか？　将棋やチェスの試合展開は、
どれくらいのパターンがあるのでしょう？
こういったことを考えると、日常ではお目にかかることのない、
とてつもなく巨大な数が現れます。
とんでもなく大きな数は、昔から人々を魅了してきました。
巨大IT企業のGoogleだって、その社名は9歳の子どもが考えた
巨大な数からきています。

どんな巨大数よりずっと大きいのが「無限」です。
実は、無限は一通りではなく、数学では色々な無限が登場します。
無限にも大小があって、より大きな無限と、
より小さな無限が存在します。あまり知られていませんが、
「無限の大きさは無限通りある」のです。

本章の最後には、著者から読者の皆様へ向けた
暗号メッセージが記されています。
ぜひ暗号を解読して、秘密のメッセージをゲットして下さい！

4-1.

単位のいろいろ

みなさんは、生まれてから今までの間に、いろいろな数に触れてきたと思います。その中で、一番大きかった数と、一番小さかった数は何か、覚えていますか？　アメリカの大富豪が所有している資産額は、最大で十数兆円です。日本の国家予算は、約100兆円。普通に生活していて見かける数は、最大でもこのくらいでしょう。でも世の中には、もっと大きな数を扱っている分野もあります。例えば化学の世界では、12gの炭素に含まれている炭素原子の数を「アボガドロ定数」と呼んでいて、化学反応の計算において重要な役割を果たしますが、その数は、約6000垓(がい)個です。「垓」は、1の後にゼロが20個続く大きさで、億、兆、京(けい)、垓と桁が上がっていきます。

大きすぎる数の表記法

人間には認知限界があって、ぱっと見で何個あるかを判断できるのは、せいぜい数個までと言われています。ですから、非常に大きな数を10進法で書くと、ゼロの数があまりに多くなって、何桁なのかがすぐには判断できなくなります。そういうときのために、**「指数表記」**という便利な表記法があるので、ここで紹介しましょう。指数表記では、桁の数だけゼロを書くのではなくて、**「$10^{桁数}$」**という形で表します。例えば、非常に大きな数の単位で、「那由他（なゆた）」というものがあります。これは、1のあとにゼロが60個続くのですが、それを通常の表記と指数表記で書いてみましょう。

単位	通常の表記	指数表記
那由他	1000000000000000000000000000000 000000000000000000000000000000	10^{60}

図表4－a　那由多

〈A〉

どちらが分かりやすいかは、一目瞭然ですね。つまり、1那由他＝10^{60}ということです。では、3那由他はどう表すかというと、「3×10^{60}」です。8那由他3562阿僧祇（あそうぎ）は、「8.3562×10^{60}」です。漢字の単位よりはるかに分かりやすく、計算の見通しも立てやすいですね。そのため、大きな数は指数表記で表されることが多いです。

逆に、非常に小さな数を表すときも、指数表記のほうが便利です。1以下の小さな数を指数表記で表すときは、

$$0.1 = \frac{1}{10} = \frac{1}{10^1} = 10^{-1}$$

$$0.00001 = \frac{1}{100000} = \frac{1}{10^5} = 10^{-5}$$

というふうに、肩の部分がマイナスになります。例えば、0.0000……1と、1の前にゼロが22個ある小数は「阿頼耶（あらや）」という単位で表されますが、通常の表記と指数表記を比べると、次のようになります。

単位	通常の表記	指数表記
阿頼耶	0. 000000000000000000000001	10^{-22}

図表4－b　阿頼耶

〈A〉

こちらも、指数表記の方が分かりやすいですね。例えば、物理学の世界では、原子のような非常に小さなものを測る時の長さの単位として**「オングストローム（Å）」**がありますが、これは「1Å = 10^{-10} メートル」です。10^{-10} メートルは、1mm（10^{-3}m）の一千万分の一の長さです。

本章では、非常に大きな数について紹介しています。そのため、通常の表記ではなく、指数表記で書くことが多くなると思います。どれくらいの大きさかイメージしにくい場合は、図表４－ｃ、４－ｄを参考にしてみてください。「10^{12} は兆なんだな」といったふうに、大きさの感覚がつかみやすくなると思います。

十		10^{1}	溝	（こう）	10^{32}
百		10^{2}	澗	（かん）	10^{36}
千		10^{3}	正	（せい）	10^{40}
万		10^{4}	載	（さい）	10^{44}
億		10^{8}	極	（ごく）	10^{48}
兆		10^{12}	恒河沙	（こうがしゃ）	10^{52}
京	（けい）	10^{16}	阿僧祇	（あそうぎ）	10^{56}
垓	（がい）	10^{20}	那由他	（なゆた）	10^{60}
秭	（じょ）	10^{24}	不可思議	（ふかしぎ）	10^{64}
穣	（じょう）	10^{28}	無量大数	（むりょうたいすう）	10^{68}

図表４－ｃ　大きな数の単位

〈A〉

分	（ぶ）	10^{-1}	模糊	（もこ）	10^{-13}
厘	（りん）	10^{-2}	逡巡	（しゅんじゅん）	10^{-14}
毛	（もう）	10^{-3}	須臾	（しゅゆ）	10^{-15}
糸	（し）	10^{-4}	瞬息	（しゅんそく）	10^{-16}
忽	（こつ）	10^{-5}	弾指	（だんし）	10^{-17}
微	（び）	10^{-6}	刹那	（せつな）	10^{-18}
繊	（せん）	10^{-7}	六徳	（りっとく）	10^{-19}
沙	（しゃ）	10^{-8}	虚空	（こくう）	10^{-20}
塵	（じん）	10^{-9}	清浄	（せいじょう）	10^{-21}
埃	（あい）	10^{-10}	阿頼耶	（あらや）	10^{-22}
渺	（びょう）	10^{-11}	阿摩羅	（あまら）	10^{-23}
漠	（ばく）	10^{-12}	涅槃寂静	（ねはんじゃくじょう）	10^{-24}

図表４－d　小さな数の単位

〈A〉

4-2.

将棋の試合展開は何通りあるの？

みなさんは、将棋やチェスをやったことがありますか？
将棋・チェス・囲碁などのボードゲームは、知的な遊びとして古くから愛されてきました。戦い方のパターンは無限とも言えるほど多様で、かつては人間知性の象徴のような扱いでしたが、最近はコンピューター棋士のほうが強くなってきて、AI 脅威論の文脈でも取り上げられることが多くなっています。

それにしても、実際のところ、ボードゲームの試合展開は何パターンくらいあるのでしょうか？　**将棋については、一局の平均手数が約 115 手で、各局面における可能な指し手が約 80 通りあると言われます。**この場合、局面ごとに 80 通りの指し方があって、それが 115 回繰り返されるので、全体として約 80^{115} のパターンがあることになり、これは 1

の後に0が220個続く大きさ（10^{220}）に相当します。ちなみに、将棋の天才として知られる羽生善治（はぶよしはる）さんは、一つの局面について打ち方の候補が80手ほど頭に浮かび、そのうち大部分を瞬時に切り捨て、最良と思われる2～3手について熟考した上で次の一手を決めるそうです。80手から数手に絞るのは直感によるものだそうですが、恐らく膨大な局面のデータが脳内に蓄積されていて、有望な候補を瞬時に選別できるのでしょう。

コンピューターと人間の勝負の幕開け

ボードゲームにおける試合展開のパターンについて学問的に議論したのは、情報理論の父**クロード・シャノン**が最初だとされています。彼は、1950年に書いた論文で、チェスを行うコンピューターについて考察しました。彼はまず、試合展開が何通りありうるかを試算しています。ある局面におけるチェスの駒の動かし方は30通りほどで、投了までに40手ほど指すという想定を置きました。

ここで注意ですが、将棋とチェスでは、差し手の数え方が違います。**将棋では、先手が指して1手、後手が指して1手なので、2手で一巡になります。**一方で**チェスは、先手と後手が指して1手と数えるので、1手で一巡です。**ということは、1手毎に二人が指すので、チェスの40手は将棋でいうところの80手になります。ですので、全体のパターンは約30^{80}通り（およそ10^{120}）になります。ちなみに、この10^{120}

は**「シャノン数」**と呼ばれています。
　彼の結論としては、局面の数があまりに多いため、力ずくで全ての可能性を調べるのはコンピューターでも到底不可能。だから、局面の良し悪しを点数化し、想定される最低点が最大となるように（ミニマックス法と呼ばれます）探索すべきだと主張しました。つまり、**失敗したときの損害が小さくなるように手堅く打っていけばよい**ということです。

　チェスの試合展開のパターン（10^{120}）は、将棋のパターン（10^{220}）よりずいぶん少ないですね。もちろん、あくまで概算なので、計算前提を変えると答えも変わってきます。しかし、チェスよりも将棋のほうがパターンが多いのは事実であり、コンピューターが人間のプロ相手に勝利を収めたのも、チェスのほうが先でした。1997年、IBMがつくったチェス専用のスーパーコンピューター、ディープ・ブルーがチェスの世界チャンピオンであるガルリ・カスパロフを破った話は有名です。
　将棋の世界でも、コンピューターは人間のプロに追いつきつつあります。東京大学将棋部に在籍していた山本一成（やまもといっせい）は、在学中に留年してしまい、この機会に苦手なコンピューターを克服しようとしてコンピューター将棋のソフトウェア開発を始めました。そして生まれたのが、将棋指しソフト「ponanza（ポナンザ）」です。当初は開発者自身にも将棋で勝てなかったようですが、次第に実力を伸ばし、2013年に出場した第２回将棋電王戦においては、佐藤慎一（さとうしんいち）四段に平手（ハンデなし）で勝利して一躍有名になりました。

将棋、チェスと見てきましたが、実は、それより遥かにコンピューター化が難しいのが囲碁です。囲碁は、将棋やチェスと比べて、一手あたりに可能な打ち方の平均数（分岐因子といいます）が多く、約 250 通りだと言われています。試合開始から終了までの手数は、プロだと 100 ～ 200 手程度のようですので、平均 150 手とすれば、試合展開のパターンは 250^{150} となり、これは約 10^{360} に相当します。それだけ複雑なゲームなので、囲碁の世界でコンピューターが人間のプロを破るのは当分先だと思われていました。しかし、2015 年のこと、Google DeepMind（ディープ マインド）によって開発された AlphaGo（アルファ碁）が、互先（たがいせん）（ハンデなし）で人間のプロを破るという快挙を成し遂げました。その後もプロ相手に優秀な戦績を残し、2016 年には、韓国棋院から名誉九段の称号を与えられています。コンピューターとして初めて、囲碁の「プロ」となったのです。

不正への誘惑

コンピューターが人間を超えつつある中、人間がコンピューターを使って不正を働くという事件も発生しています。2002 年のドイツ・ランペルトハイム・オープン戦（チェスの大会）では、あるプレーヤーが試合中に頻繁にトイレに立つという不審な動きをして、対戦相手からクレームが出ました。

主催者がトイレまで尾行し、耳をそばだてると、用を足しているような音は聞こえてきません。下からのぞき込んでみると、足先が壁側を向いているので、便器に腰かけているわけではなさそうです。そこで、隣の個室の便器に乗って上からのぞくと、小型のパソコンでチェスのソフトウェアを操作していました。そこで御用。犯人は電子メールを見ていただけだと主張しましたが、パソコンの提出は拒否。大会からは追放となりました。

2006年のインドでは、サブロト・ムカージ記念国際レーティング・チェス・トーナメントにおいて、ウマカント・サルマがBluetooth（ブルートゥース）による通信機を帽子に隠して参加し、コンピューター解析を行う共犯者からの指示を受けてプレイしていました。主催者側は、彼の対戦成績がこれまでの履歴に比べ不自然に良いことに気付きます。また、複数の参加者から、サルマの指し手がコンピューター・プログラムの推奨と全く同じであるという報告を受けました。7回戦目、ついにインド空軍が調査に乗り出し、金属探知機で調べた結果、隠し持っていた機材が発覚します。より詳しい調査の後、10年間の出場停止が言い渡されました。

トイレをのぞき込んだり空軍が出動したりと、そこまでやるかという感じですが、海外でのチェス人気はそれほど絶大ということでしょう。これ以外にも、毎年のように不正事件が起こっています。また、プロによる不正の事例もいくつかあり、2015年のドバイ・オープンでは、グルジアのグランドマスター（チェスの最高位）だったガイオズ・ニガリジェが、トイレでスマートフォンのチェス・プログラムを使用していたことが発覚しました。重要な局面で決まってトイレへ立つのは不自然だとの抗議が対戦相手から上がり、運営側で確認したところ、便器の裏からスマホとヘッドセットが見つかったのです。グランドマスターの称号は剥奪され、大会には3年間出場禁止となりました。

将棋の世界でも、コンピューターは急激に実力を増しています。2015年に羽生善治さんは、現在のコンピューターは陸上で言えばウサイン・ボルトだが、あと数年もすればF1カーになる。そうなると、人間は人工知能と互角に戦おうとは考えなくなるだろうと述べています。ちなみに、1996年の将棋年鑑には、「コンピューターがプロ棋士を負かす日は？　来るとしたらいつ」というアンケートが載っていました。100年は来ない、永遠に来ないといった意見も多い中で、羽生さんは「2015年」と回答しています。やはり天才は、時代を読む力も優れているのでしょうか。

4-3. Googleの語源になった巨大数って？

想像を絶するほど大きな数は、昔から人々の好奇心を刺激してきました。古くは、アルキメデスが『砂粒を数えるもの』（The Sand Reckoner）という著作の中で、「宇宙」を埋め尽くすのに必要な砂粒の数を計算しています。アルキメデスによると、その数は 10^{63} 粒、つまり1の後に0が63個続く数になるそうです。

ただ、ここでの「宇宙」は、私たちが知っている宇宙とは少し違うので注意して下さい。当時は天動説が主流で、太陽や月、その他の星々は、地球の周りを回っていると考えられていました。**アルキメデスは、地球から太陽までの距離を半径とする球体を「宇宙」だとみなして、その中に砂粒が何個**

入るかを計算したのです。その目的は、宇宙には砂粒がいくらでも入ると考えていたシラクサの王ゲロンに対し、その数は巨大だが有限であることを教えるためでした。

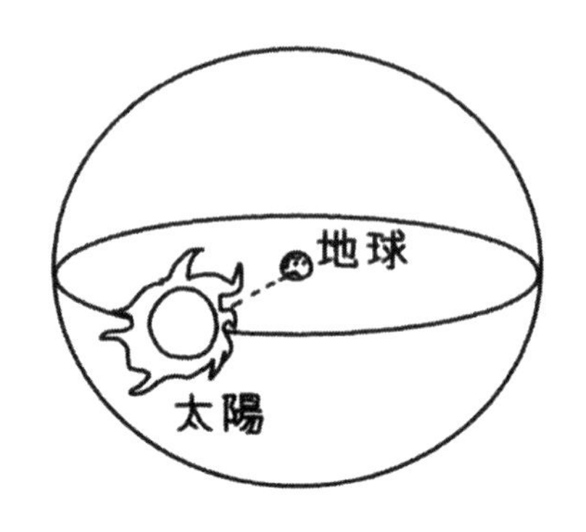

図表４－e　アルキメデスが考えた宇宙

〈T〉

アルキメデスは、当時の天文学における学説を参考として、地球から太陽までの距離を100億スタディア（約18億km。スタディアは当時の距離の単位）未満と推定します。実際の太陽と地球の距離は1億4960万kmなので、彼の結論はそれほど間違ってはいません。むしろ、望遠鏡すらなく、まったく見当もつかない時代に、せいぜい10倍かそこらの誤差に収まっているのは、さすがアルキメデスというところでしょうか。その上で、砂粒を半径18μm（マイクロメートル）くらいとみなして計算し、宇宙を埋め尽くす砂粒の数を10^{63}粒と出したのでした。

アルキメデスは大きな数が好きだったようで、当時の数の体系が最大でも億までしかなかったのに対し、それよりも大きな数の体系を考察しています。彼が考えた最大の単位は、現代の表記で表すと「１億の１京乗」になります。これは、１の後にゼロが８京個並ぶという、とてつもなく大きな数です。こんなに巨大な数、科学技術が発達した現代ですら使い道がありませんね。しかし、なんの役に立つのかという疑問をものともしないほど、アルキメデスは巨大な数にとりつかれていたのでしょう。

自然科学や数学の世界には、信じられないほど大きな数がしばしば登場します。化学の計算では、**アボガドロ定数**というものをよく使います。これは、**12g の炭素に含まれる炭素原子の総数**で、約 6.022×10^{23} になります。日本における数の単位で言うと、約 6000 𥝱です（京の次の単位で、兆→京→𥝱と続きます）。イギリスの天文学者**アーサー・エディントン**は、この宇宙における陽子の総数を 136×2^{256} 個（およそ 10^{79} 個）と推定しました。これは、無量大数（10^{68}）より 11 桁も大きな数です。

地球のコピーの存在

マサチューセッツ工科大学の**マックス・テグマーク教授**は、ここから 10 の「10 の 118 乗」乗メートル以上離れたところには地球の完全なコピーがあって、私たちと全く同じコピ一人間が住んでいるといいます。別にエイプリルフールの冗談とかではなく、物理学に基づく考察の結果として、そのような仮説が出てくるのです。というのも、全ての物質は原子でできていて、原子の並び方が違うからこそ、あなたと私は違う人物となります。けれども、実は原子の配列パターンには限りがあります。そして、**宇宙が無限に広いとすれば、私たちと全く同じ配列パターンがどこかで繰り返されているはず**なのです。テグマーク教授が計算したところ、10の「10の118乗」乗メートルという広大な範囲を考えれば、繰り返しが見つかるといいます。これは、1の後に0が10^{118}個続く数なので、指数表記を使わずに書こうとすると、この本にはとても収まりきれません。それどころか、世界中の全てのインクを使い果たしても到底書ききれないでしょう。

今までの数は、ある程度「意味のある」ものでした。しかし、特に意味はないけれど、とにかく大きな数を考えたいという願いから生み出された巨大数もあります。それが**「グーゴル（googol）」**です。グーゴルは、**10の100乗**を意味します。指数を使わずに書くと、

10,000,000,000,000,000,000,000,000,000,000,000,000,000,000,000,000,000,000,000,000,000,000,000,000,000,000,000,000,000,000,000,000,000,000,000,000,000,000,000,000,000

となります。そして、**10のグーゴル乗、つまり10の10^{100}**

乗をグーゴルプレックス（googolplex）と呼びます。これらの数は、数学や自然科学で特に重要というわけではありませんが、分かりやすい上に名前がカッコイイので、広く知られています。また、非常に大きな数をグーゴルと比べることで、どれくらい大きいかのイメージを得るのに役立てることもできます。例えば、「電子１個の質量」と「観測可能な宇宙全体に含まれる物質の全質量」の比は、およそ100億分の１グーゴルになります。また、先ほどのテグマーク教授による地球のコピーが見つかる広さは、10の「10^{18}グーゴル」乗メートル、つまり10の百京グーゴル乗メートルと言われています。

9歳の男の子の名案

グーゴルという名前を発明したのは、アメリカ人数学者**エドワード・カスナー**の９歳の甥っ子**ミルトン・シロッタ**でした。カスナーは、子どもたちの数学への関心を高めようとして、10の100乗という数字に印象的な名前を付けたいと考えていました。そして、甥っ子に何か良い名前は無いかと尋ねたのです。カスナーの『Mathematics and the Imagination』（数学と想像力）（Edward Kasner & James Newman著、Dover Publications）という著作に、次のようなエピソードが記されています。

知恵の言葉は、科学者よりも子どもたちから発せられるものだ。「グーゴル」という名前を発明したのは、とても大きな数、つまり1のあとに0が100個続く数の名前を考えるよう私から頼まれた甥っ子であった。彼は、この数が無限ではなく、従って名前が必要であることを確信していた。そして、この数字を「グーゴル」と名付けたあと、さらに大きな数を「グーゴルプレックス」と呼んだ。彼によると、グーゴルプレックスは、1の後に0を「疲れるまで書き続けた」数だそうだ。けれども、疲れるまでに何個の0が書けるかは人によって違う。（中略）そこで、グーゴルプレックスに正確な定義を与えよう。1の後に0がグーゴル個続く数字をグーゴルプレックスと呼ぶことにする。この数字はあまりに大きく、あなたが1インチごとに0を書いていくとしても、宇宙の果てまで行っても書ききれないであろう。

（著者訳）

巨大IT企業Googleの社名は、グーゴル（googol）のつづり間違いから来ているというのは有名な話です。もともと、Googleの共同創業者であるラリー・ペイジとセルゲイ・ブリンは、彼らが開発した検索エンジンを「BackRub」と呼んでいました。時は1997年9月、ラリーと同僚たちは、検索エンジンの新しい名前について議論していました。ホワイトボードにアイデアを書き出しながら、膨大なデータを整理・検索するシステムにふさわしい名前を探していたのです。同僚の一人であるシーン・アンダーソンが、「（ものすごい数のデータを扱うということで）『グーゴルプレックス

(googolplex)』という名前はどうか」と問うと、ラリーは「それだと長いから、『グーゴル（googol）』が良い」と答えました。シーンはコンピューターの前に座り、googol がドメイン名として登録可能か（既に使われていないかどうか）を調べようとしました。ただ、彼はつづりを間違えて“google.com”と打ち込んでしまい、それは登録可能だと出てきました。ラリーはこの名前が気に入り、ドメイン名を“google.com”として登録したのです。

ちなみに、カリフォルニア州マウンテン・ビューにあるグーグル本社ビルは、「グーグルプレックス（Googleplex）」という愛称で知られています。９歳の子どものアイデアが数学者によって世界へ広められ、巨大 IT 企業の社名になるなんて、とても夢がある話ですね。これも一種のアメリカンドリームという感じがします。

4-4.

同じ親から生まれたのに、なぜ顔や性格が違うの？

みなさんの知り合いに、双子や三つ子はいますか？　ご自身がそうだという方もいらっしゃるかもしれません。一卵性双生児は、顔や性格だけでなく、病気の罹患(りかん)率なども驚くほど似ていることが分かっています。同じ遺伝子を共有しているので、生得的な特性が極めて近いためです。けれども、一卵性双生児でない双子や三つ子、あるいは、そもそも双子ではない兄弟姉妹は、見た目も性格もバラバラです。当たり前のことのようですが、よく考えてみると、とても不思議だと思いませんか？

子が親に似るのは、親の遺伝子を受け継いでいるからです。そして**子どもの遺伝子は、父親と母親の遺伝子が半分ずつ混**

ざって作られます。だから、目元は父親似だけど口元は母親似だとか、顔は父親似だけど性格は母親似といったことが起こります。けれども、なぜ、兄弟姉妹によって違いが生じるのでしょうか？　どの子も父母から「半分ずつ」遺伝子を受け継いでいるならば、同じ遺伝子になるような気がします。

この謎を解き明かすには、遺伝子を「半分ずつ」混ぜ合わせるという言葉が、具体的にはどんな状況を表しているのかを深く考える必要があります。先に答えを言ってしまうと、**「半分ずつ」混ぜ合わせるといった時の混ぜ方に、信じられないほど膨大なパターンがあるのです**。それが、子どもたちの個性につながっています。

ゲノムとは何か

それでは、どうやって混ぜ合わせるのかを見ていきましょう。人間の体は、いろいろな遺伝情報が元になって作られていますが、それらの**遺伝情報の全てを、まとめて「ゲノム」と呼びます**。例えば、あなたがあなたであって別の人でないのは、あなたのゲノムが他の人とは異なるからです。

では、ゲノムの中身はどうなっているかというと、**「染色体」**と呼ばれるまとまりに区切られています。染色体はイモムシのような細長い形をしていますが、拡大して細かい構造を見てみると、細い糸のようなものが絡まりあってできていることがわかります。この糸のようなものは「**DNA**」といって、生物の遺伝情報を蓄える機能を持っています。DNAは、4種類の「塩基（えんき）」と呼ばれる物質が鎖のように連なって作られているのですが、この塩基の配列によって遺伝情報を記録しています。

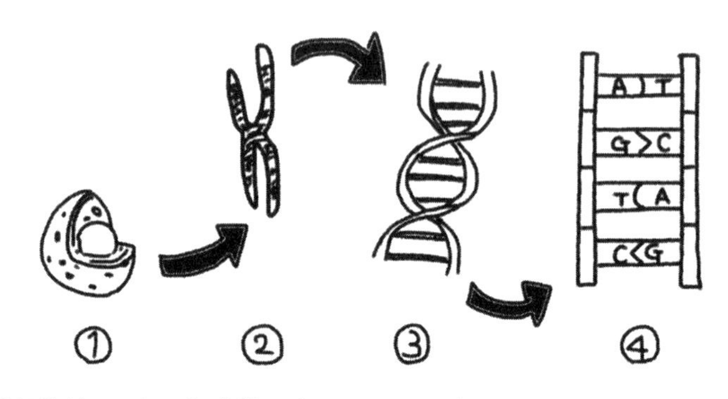

①細胞核：ヒトの細胞核の中には23対（46本）の染色体がある
②染色体：DNAは染色体の中に折りたたまれた状態で収まっている
③DNA：塩基対がハシゴのように連なり、2重らせん構造を持つ
④塩基対：ヒトの塩基対（グアニン〔G〕とシトシン〔C〕、アデニン〔A〕とチミン〔T〕）は約30億あり、ここにたくさんの遺伝情報が格納されている

図表4－f　ヒトのゲノムの構造

〈T〉

人間の細胞核の中にあるDNAをつなげていくと、全長2mにもなるそうです。それだけ長いので、何とかしてコンパクトに折りたたまないことには、細胞核に収まることができません。そのためDNAは、染色体という単位に分かれて、小さく折りたたまれているのです。人間の細胞核の中には、

全部で**46本の染色体**があります。それらは二つずつペアになっているので、**23ペア**と数えます。

ペアになっている染色体同士を「相同染色体」と呼びますが、相同染色体は、共に同じ種類の遺伝情報を担っています。つまり、遺伝情報がダブっているわけです。そうすれば、化学物質や放射線などの影響で片方がダメになっても、もう片方が無事ならば体の機能に異常が生じません。より具体的に言うと、細胞の中では、化学物質や放射線などの影響によって、常に遺伝子が損傷しています。相同染色体同士は同じ機能を持っていて、塩基配列も非常に似通っているので、**ペアの一方の塩基配列が一部損傷した場合は、もう一方の対応する箇所から塩基配列をコピーしてきて修復している**のです。これを**「相同組換え」**と呼びます。つまり、相同染色体があるおかげで遺伝子異常を抑えることができ、個体としての生存確率が上がるのです。

無限の多様性

ここからが本題ですが、相同染色体には、もう一つ重要な役割があります。それは、**生まれてくる子どものゲノムに多様性を持たせる**ことです。人間は誰しも、たった1個の受精卵からスタートします。受精卵は、父親の精子と母親の卵子が結合することで作られますが、精子や卵子は、体の他の細胞と違って、それぞれ23本しか染色体を持っていません。

なぜかというと、子どもも父親・母親と同じく、46本の染色体を持たなければならないからです。精子・卵子それぞれが23本ずつ染色体を持っていれば、受精卵になった段階で合計46本持つことになり、ちょうど数が合うわけです。

体の中で精子や卵子が作られるときは、もともと持っている46本の染色体から、23本を選ばなければなりません。そのため、**相同染色体のペアのうち、どちらか一方がランダムに選ばれていきます**。23ペアから1個ずつ選ぶので、23本の染色体セットができ上がるのです。

さて、ここでクイズです。受精卵のゲノムを作る方法は、何通りあるでしょうか？　この先を読む前に、少しだけ考えてみてください。

まずは、母親だけで考えましょう。ある相同染色体のペアからどちらか一つを選ぶ方法は、当然ながら2通りです。それが23ペアあるので、全部の選び方は、「2(1番目のペアから選ぶ方法)×2(2番目のペアから選ぶ方法)×……×2(23番目のペアから選ぶ方法)」となり、2を23回掛け算すればよいことになります。これは、指数表記だと2^{23}とも書けます。計算してみると、838万8608通りです。

さて、子どもの遺伝子は父親からも受け継がれるので、父親側も考える必要があります。父親側の染色体の選び方も母親と同じく、2^{23} 通り、つまり838万8608通りです。では、卵子と精子が組み合わさった受精卵のゲノムは何通りあるかというと、父親から受け継ぐ染色体の組み合わせが 2^{23} 通り、母親から受け継ぐ染色体の組み合わせが 2^{23} 通りなので、それを掛け合わせると、

$$2^{23} \times 2^{23} = 2^{46} = 8{,}388{,}608 \times 8{,}388{,}608$$
$$= 70{,}368{,}744{,}177{,}664$$

となり、なんと約70兆通りもあります。ちなみに、$2^{23} \times 2^{23}$ は、「2を23回掛けたもの」×「2を23回掛けたもの」なので、結局2を46回（23回＋23回）掛けていることと同じになります。つまり、2^{46} と書くことができます。

ただし、ここで早合点してはいけません。ある夫婦から生まれる子どものゲノムは、「たった」70兆通りではなく、それよりもはるかに多いのです。というのも、精子と卵子からやってきて新たなペアとなった相同染色体は、先ほど説明した**「相同組換え」によって塩基配列の一部を交換することで、父親・母親のどちらとも違う塩基配列を生み出す**からです。相同遺伝子の塩基配列はたがいに似通っていますが、完全に同じではなく、部分的に異なっています。そのため、一部をあえて交換することによって、父親とも母親とも違う塩基配列が作られるのです。「相同組換え」は、通常は損傷した遺伝子の修復に用いられるのですが、子孫を残すプロセスでは、

ゲノムの多様性を強化するために活躍するのです。

　このような仕組みがあるので、子どものゲノムのパターンは、ほぼ無限と言っていいほど多様になります。このようにして、生物は遺伝子の多様性を保っているのです。生物をシステムとして見た時に、驚異的なほど良くできていると思いませんか？　人間が何かのシステムを開発するときは、できるだけシンプルな設計で必要な機能要件を満たす設計の方が優秀だとみなされます。生物は、相同遺伝子というシステムによって、「遺伝子異常の抑制」と「遺伝的多様性の確保」という、一見すると全く別のニーズを両方満たしているのです。エレガントすぎて、人間の技術者やシステム設計者が自信を失ってしまうレベルです。自然はやはり、偉大な先生なのですね。

4-5.

「無限」にも大小がある?

〈T〉

この章では、とんでもなく大きな数を見てきました。ただ、どれも有限の数であって、それよりも大きな数というものはいくらでも存在します。このコラムでは、グーゴルプレックスやシャノン数よりもずっと大きな「無限」について探究していきましょう。無限というと、大きさでは誰にも負けない無敵の王様のようなイメージがありますが、そういうわけではありません。実は無限にも種類があって、より大きい無限や、より小さい無限があるのです。平民(有限な数)と比べれば圧倒的だけど、王族(無限)同士では序列があるというようなイメージでしょうか。

「無限」は抽象的でイメージしにくいので、大小があると言われても、ピンとこないかもしれません。例えば、「偶数の集まり」と「実数の集まり」は、どちらも無限個の要素がありますが、どちらが大きいと思いますか？　直感的にはわかりづらいかもしれませんが、心配は無用です。考え方はとても簡単で、

集まり[*1]の構成要素[*2]に、番号が付けられるかどうか

で判断します。「偶数の集まり」には、次のように、要素に番号を付けていくことが可能です。

2,	4,	6,	8,	10,	12,	14,	16, ……
↑	↑	↑	↑	↑	↑	↑	↑
1番	2番	3番	4番	5番	6番	7番	8番

もちろん、要素は無限個あるので、数え終わることは無いのですが、番号付けの規則を作れるということが重要です。この場合、「偶数♤は♤ /2 番とする」と決めれば、全ての偶数に番号を付けることができます。このようにして、番号付けの規則を作って数えることができる無限を**「可算無限」**といいます。“可算”とは文字通り、「数えることが可能であ

＊1　数学では「集合」といいます。
＊2　数学では「元」といいます。

る」というような意味になります。他にも、「奇数の集まり」（1, 3, 5, 7, ……）や、「整数の集まり」（……, − 2, − 1, 0, 1, 2, ……）も、番号付けの規則を作って要素を一つ一つ数えることができるので、可算無限です。

では、「実数の集まり」はどうでしょうか？　実数は、自然数や整数よりも広い概念で、小数点以下に数字があってもOKです。例えば、1.3435443とかですね。また、小数点以下が永遠に続くπ（円周率）やe（ネイピア数）などの無理数も含まれます。実数の構成要素には、番号付けの規則を作ることができません。なぜならば、どんなに近い値同士であっても、その間に別の実数が存在するからです。例えば、3.14159265と3.14159266の間には、3.141592655などが存在します。そのため、実数を番号付けすることは不可能なのです。このように、番号付けができない無限を**「非可算無限」**と呼びます。より厳密には「カントールの対角線論法」というものを使って非可算無限であることを証明できるのですが、数学的にやや入り組んだ議論になるため、ここでは詳細には触れないことにします。

スカスカか、ぎっしりか

大小でいうと、**非可算無限のほうが可算無限よりも大きい**とされます。なぜならば、非可算無限の集まりは、番号付けが原理的に不可能なほどに構成要素が多いからです。このように、**無限にも大小がある**ことを初めて見出したのは、ドイツの数学者**カントール**でした。

ここで、実数は有理数と無理数に分けられるという２－２の話を思い出してください。有理数は、分数で表すことができる数でしたね。分数は○／△という形をしていて、○も△も整数です。

従って、整数（⇐可算無限）の組み合わせで有理数を表すことができるので、「有理数の集まり」は可算無限になります。つまり、実数全体は非可算無限で、そのうち有理数だけ抜き出した集まりは可算無限です。

ということは、無理数だけ抜き出した集まりはどちらになるでしょうか？　正解は、非可算無限です。なぜならば、仮に「無理数の集まり」も可算無限だとすると、同じく可算無限の「有理数の集まり」と組み合わせた全体（つまり実数）が可算無限ということになってしまうからです。

ところが、実数は非可算無限なので、これは事実に反しています。従って、「無理数の集まり」は非可算無限だということが分かるのです。

普通に考えると、有理数は$\frac{1}{3}$，$\frac{1}{5}$，$\frac{1}{100}$などいくらでも頭

に浮かべることができる一方、無理数はπ、e（ネイピア数)、$\sqrt{2}$、$\sqrt{5}$ など、限られたものしか思いつきません。だから、有理数の方が多いような気がしてなりませんが、実際は逆です。有理数は可算無限個あるのに対し、無理数は非可算無限個あるので、無理数のほうが圧倒的に多いのです。直観に反していて何とも腹落ちしづらいですが、数学的に考えるとそうなります。

ちなみに、大小といっても、どちらも際限なく大きいことに変わりはないので、なんだか分かりづらいですね。そのため数学の世界では、これを**「スカスカ具合」**に置き換えて考えます。例えば、ある偶数と隣の偶数の間には、別の偶数はありません。２と４の間の偶数は無いわけです。「自然数の集まり」にも同じことが言えて、４と５の間に自然数はありません。つまり、これらの集まりは、いわばスカスカなのです。

一方で、「実数の集まり」の場合、実数と実数の間には、いくらでも別の実数があります。つまりは、ぎっしり詰まっているのです。このようにスカスカ具合で考えれば、無限の大小が分かりやすくなります。スカスカ具合のことを、数学の専門用語で**「濃度」**と言います。濃い（詰まっている）か薄い（スカスカ）かということですね。**可算無限の濃度は、$\aleph_0$と書き、「アレフゼロ」と読みます**。要するに、$\aleph_0$は「スカスカですよ」という意味です。**非可算無限である実数の濃**

度は$\aleph_1$（アレフワン）です。こちらは、「詰まっていますよ」ということです。

ちなみに、無限というものを数学的に考えると、いろいろと不思議なことが起こります。数学者の**ヒルベルト**が考えた、**「無限ホテルのパラドックス」**と呼ばれるたとえ話を紹介しましょう。

「ホテル無限」には、可算無限個の部屋があります。部屋は満室になっていますが、旅人がやってきて、泊まりたいと言っています。さて、どうすればよいでしょう？

ホテルの支配人になったつもりで、どう対応すればよいか考えてみて下さい。部屋数が有限の場合、全室が埋まっているのであれば、この旅人は泊まれません。けれども、部屋数は加算無限なので、次のようにアナウンスすれば良いでしょう。

「各部屋にお泊まりのお客さま、新しいお客様の部屋を確保するために、部屋番号が一つ上の部屋にお移り下さい」

すると１号室の人が２号室に、２号室の人が３号室に……という具合に移っていくので、１号室が空きます。旅人は、そこへ泊まればよいのです。部屋が有限個で、例えば100号室までだった場合、100号室に泊まっている人は、行き先が無くなってしまうでしょう。しかし、この場合は部屋数が加算無限なので、行き先に困る人は出てきません。100 号室の人は 101 号室に、1グーゴルプレックス号室の人は「1グーゴルプレックス＋1」号室に移ればいいだけです。別の旅人が来た時も同様に部屋を移ってもらえば、何人でも旅人を収容することができます。これは数学的には全く正しいのですが、直感に反しているのでパラドックスと呼ばれています。

ところで、$\aleph_0$ や $\aleph_1$ よりも大きな無限はあるのでしょうか？　実は存在して、$\aleph_2$、$\aleph_3$、$\aleph_4$、……と続いていくのです。$\aleph_0$ や $\aleph_1$ は、王族の中では下層クラスなのでした。$\aleph$ の右下に付いている番号を順序数と言いますが、これは、いくらでも大きな番号を考えることができます。つまり、「無限の大きさは無限通りある」のです。ただし、$\aleph_2$ 以上の濃度を持つ「集まり」には、数学の専門家にでもならない限り一生お目にかかることはないでしょう。ご興味のある方は、現代数学の根幹を支える「集合論」について勉強すると、$\aleph_2$ 以上の濃度を持つ「集まり」に出会うことができます。

4-6.

大きな素数が暗号に使われているって、本当？

みなさんは、暗号を作ったことがありますか？　子どもの頃に、おもしろ半分でやったという方もいらっしゃるかもしれません。すぐ解読できてしまうものも含めれば、暗号は意外と簡単に作れます。例えば、次の暗号文は、何を意味していると思いますか？

暗号文：ZOOKD

これは、英単語のアルファベットを、一つ前の文字で置き換えて作ったものです。A には一つ前の文字がないので、Z で置き換えることにします。これでもうおわかりですね。もとの単語は「APPLE」です。暗号の世界では、**元の文章を**

「平文」と呼ぶので、この場合は「APPLE」が平文になります。そして、**暗号を解読することを「復号」と呼びます**。みなさんは、ZOOKDという暗号を復号してAPPLEという平文を得ることに成功しました。

現代は、コンピューターでさまざまな情報がやり取りされていますが、世の中には悪意を持って、それらの情報を盗み出そうとする輩も潜んでいます。そんな悪人たちに情報を渡さないために、暗号技術は重要です。ある規則によって平文を暗号へと置き換え、暗号のまま相手に送れば、通信データを万が一盗み見られても、内容が漏れる心配がありません。

RSA暗号

よく使われている暗号の中に、素数を使った**「RSA暗号」**と呼ばれるものがあります。素数の性質を利用して、とてもおもしろいやり方で暗号を作っているので、ぜひここで紹介したいと思います。RSA暗号は、暗号化と復号化に別々の規則（「鍵」といいます）を使うのが特徴です。一方で、暗号化と復号化に共通の規則（鍵）を使う方式も存在していて、そちらの方は**共通鍵暗号方式**といいます。1976年以前は、共通鍵方式が一般的でした。それは、次のような手順でメッセージの受け渡しをします。

<共通鍵暗号方式>

①受信者は、送信者に共通鍵を送る
②送信者は、共通鍵を使ってメッセージを暗号化し、送信する
③受信者は、共通鍵を使って復号化し、メッセージを受け取る

とてもシンプルでわかりやすいですね。しかし、この方式は安全面で不安があります。共通鍵を知っていれば暗号化も復号化もできてしまうので、悪意のある第三者が①の通信を傍受できれば、暗号が解読されてしまうからです。

それに対して、RSA暗号のように**暗号化・復号化の規則（鍵）が別物になっている方式を、「公開鍵方式」**といいます。これは、暗号化の規則（鍵）を公開してしまうことから付いた名前です。一方で、復号化のための規則（鍵）は当然ながら秘密にしておくので、こちらは**秘密鍵**と呼ばれます。秘密鍵は、暗号を解くための秘密の呪文のようなものだと考えて下さい。公開鍵暗号に基づいたメッセージの受け渡しは、以下のような手順になります。

<公開鍵暗号方式>

①　受信者は、**公開鍵**と**秘密鍵**を用意する

② 受信者は、暗号化のための**公開鍵**を、誰でも見られるように公開する

③ 送信者は、**公開鍵**を使ってメッセージを暗号化し、送信する

④ 受信者は、自分だけが知っている**秘密鍵**を使って復号化し、メッセージを受け取る

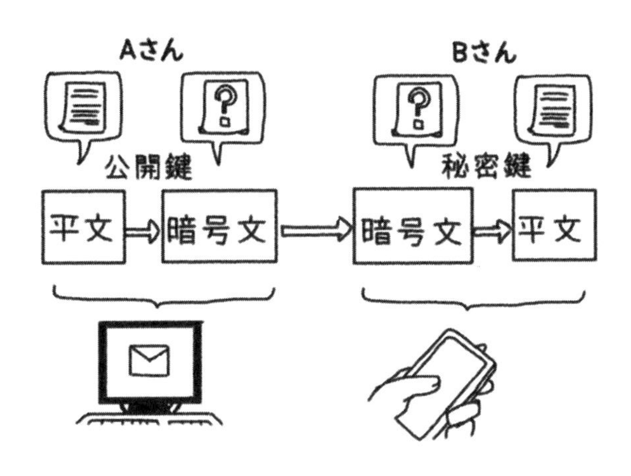

図表4－g　公開鍵暗号方式の手順

〈T〉

決定的な違いが何かおわかりでしょうか？　公開鍵暗号方式では、復号化のための鍵（秘密鍵）を送信する必要がありません。メッセージの受信者（図表4－gのBさん）は、公開鍵と秘密鍵の両方を知っている状態で、公開鍵だけを公開します。そのため、世界中の誰もが、公開鍵を使ってメッセージを暗号化し、Bさんへ送ることができます。しかし、復号化に必要な秘密鍵はBさんだけが知っているので、悪意あ

る第三者が通信を傍受しても、暗号を解くことができないのです。このような画期的な仕組みを取り入れて広く普及したのが、RSA暗号です。「RSA」という名前は、この暗号の発明者であるマサチューセッツ工科大学のロナルド・リヴェスト教授、イスラエルの暗号研究者アディ・シャミル、南カリフォルニア大学のレオナルド・エーデルマン教授の頭文字から来ています。

簡単な例でRSA暗号を理解しよう！

せっかくですから、RSA暗号がどのようなものかマスターして、自分で暗号化・復号化ができるようになってしまいましょう！　最後に力試しとして暗号クイズが出題されているので、ぜひチャレンジしてみて下さい。暗号を自分で作ることができるようになれば、直接伝えづらいことを暗号化して伝えるという手段が使えるようになります。例えば、意中の人に気持ちを伝えたいときは、RSA暗号文のラブレターを送ってみましょう。もし意中の人と両想いでなければ、意味不明な文字列としてゴミ箱行きになるでしょう。両想いであれば、必死に解読を試みるはずです。

しかし残念なことに、RSA暗号の解読は容易ではありません。なぜ解読が難しいかの説明は少し長くなるのですが、結論を先に言うと、**非常に大きな数の素因数分解が難しいという事実を利用して解読を困難にしている**のです。素因数分解とは、35 = 5 × 7のように、数を素数の掛け算に分解することです。この場合、もとの数は素数の組み合わせで作ったと考えることができるので、「合成数」と呼びます。小さな合成数の場合、素因数分解は簡単です。例えば、91 = 7 × 13、$3267 = 3^3 \times 11^2$、17107 = 7 × 11 × 13 × 17というふうに分解できます。しかし、数百桁を超える非常に大きな合成数になると、素因数分解はコンピューターでも手に負えないほど難しくなるのです。

RSA暗号は、この事実を利用し、数百桁の非常に大きな合成数を使って公開鍵・秘密鍵を作ります。通信を不正に傍受した第三者が暗号を解くには、その巨大な合成数を自力で素因数分解しなければならず、それは最新のコンピューターでも数千年かかるほどの膨大な計算が必要になるため、暗号を破ることが困難になるのです。

以上が概要の説明ですが、一体どうやって暗号を作っているのか、詳しく見ていきましょう。実際の通信に使われているような数百桁の合成数を使ったRSA暗号を例に取ると、計算が煩雑すぎて訳が分からなくなってしまいますので、非常に小さな合成数（33）で説明したいと思います。ここからは、本文による説明に加えて、表による整理もしていきます（208ページの図表4－h）。表の左側が説明、右側が具体例になっているので、説明と具体例を照らし合わせながら読んでいくと、分かりやすいかと思います。

秘密鍵と公開鍵の生成

まずは、メッセージの受け手の方で、秘密鍵と公開鍵を作る必要がありますので、その手順を説明します。ややこしいので、詳細にあまり興味のない方は、「こんなもんなんだな」くらいに流し読みしていただいて構いません。しかし、最後の暗号クイズにチャレンジされる方は、ここをしっかり理解する必要があります。

具体的な手順は、208ページの図表４－ｈに示してあります。まずメッセージの受け手は、二つの素数を任意に選び出します。ここでは、通常は数百桁の巨大な素数を選ぶことになります。素数のペアを選んでしまえば、あとは手順に従って計算していくだけです。表中に暗号化指数という用語が出てきますが、これは暗号化のために使う、ある整数値です。一方、復号化指数は、復号化に使う整数値になります。暗号化指数と復号化指数は、手順通りに計算していけば、求めることができます。

RSA暗号の安全性を担保する上で最も重要なのは、５番目のステップです。というのも、暗号を解くのに必要な復号化指数を計算するためには、３番目のステップでϕ（ファイ）を求める必要があります。しかしϕは、二つの素数を知っていなければ計算できません。メッセージの正当な受け手は、自分自身で二つの素数を選んでいるので、造作もなくϕを計算することができますが、不正に傍受した第三者は、もとの素数を知りません。だから、公開されている合成数 n を自力で素因数分解して、もとの素数を割り出さなければ ϕ を計算できず、従って暗号を破ることができないのです。それは先ほど述べたように、数千年もかかる大仕事になります。

公開鍵と秘密鍵の生成			
順番	手順	詳細	具体例
1	素数を選ぶ	何でもよいので、**素数を2つ選ぶ**	素数：3と11
2	合成数nの計算	2つの素数を掛け算したものをnとする	n=3×11=33
3	φの計算	**2つの素数からそれぞれ1ずつ引いて掛け算したものをφ**とする＊1	φ=(3−1)×(11−1)=20
4	**暗号化指数**の生成	φとの最大公約数が1となるような、1より大きくφより小さい自然数を**暗号化指数**とする	・20との最大公約数が1となる、1より大きく20より小さい(最小の＊2)自然数は3 ・暗号化指数として3を選択
5	**復号化指数**の生成	「暗号化指数×復号化指数」をφで割ったときの余りが1となるような最小の自然数を復号化指数とする	・「(3×X)÷20」の余りが1となる最小の自然数Xを探せばよい ・3×7=21=20×1+1なのでX=7、復号化指数は7
6	**公開鍵**と**秘密鍵**	・暗号化指数とnの組み合わせを**公開鍵**という ・復号化指数とnの組み合わせを**秘密鍵**という ・公開鍵は公開する ・秘密鍵はメッセージの正当な受信者しか知らない	・公開鍵は(3, 33) ・秘密鍵は(7, 33)
暗号化			
7	番号への置き替え	文字に番号を振る	「H」→ 7番　など
8	暗号化	暗号化の式 **暗号**=「平文^{暗号化指数}」をnで割った余り	「H」(番号7)を暗号化 ・平文^{暗号化指数}=7^3=343 ・343を33で割った余りは13 ・13が暗号となる
復号化			
9	復号化	復号化の式 平文=「**暗号**^{復号化指数}」をnで割った余り	・暗号^{復号化指数}=13^7 ・13^7を33で割った余りは7 ・平文は「7」だと分かる
10	文字へ戻す	数字から文字へ戻す	「7」を「H」へ置き換える

図表４－ｈ　公開鍵と秘密鍵の生成

〈A〉

暗号化する

さて、手順に従って公開鍵が得られたので、いよいよ暗号化です。実は、暗号化の式はとても簡単で、たった１行で済んでしまいます。まずは、平文の文字を数字に置き換えます（図表４－ｈの順番７）。これは簡単で、Ａは１、Ｂは２というふうに、文字に番号を付ければよいだけです。その際、番号は０からｎ－１の間で付けることとします（ｎ＝合成数）。その上で、次の式を使って暗号化します。

暗号＝【平文】を【暗号化指数】乗してｎで割った余り

つまり、文字を数字に置き換えた上で、それを暗号化指数の回数だけ掛け算して、さらにｎで割った余りの数字を暗号とするのです。この手続きは単純ですが、掛け算したり、割って余りを出したりしているので、もとの数字とは似ても似つかないものに変わり、暗号化が成り立つわけです。ｎで割った余りを暗号とするので、暗号も０からｎ－１の間の数字となります。

＊１　φの代わりに、「素数①－１」と「素数②－１」の最小公倍数を用いるバージョンもあります。

＊２　ここでは計算を簡単にするため、条件を満たす自然数のうちで最小の３を暗号化指数として選びました。

暗号を元の平文に戻す（復号化）

最後のステップとして、メッセージの受け手は、自分だけが知っている秘密鍵を使って復号化を行います。この手順は、暗号化のときとそっくりで、次の式に当てはめるだけで完了してしまいます。

平文＝【暗号】を【復号化指数】乗してｎで割った余り

不思議なことに、この計算をすると必ず平文に戻ります。なぜなのかは「フェルマーの小定理」と呼ばれる定理を使って数学的に証明することができるのですが、専門的な話になるので、ここでは割愛します。最後に、出てきた数字を文字に戻せば、復号化は完了です。

公開鍵と秘密鍵のところで諦めかけた方もいらっしゃるかもしれませんが、肝心の暗号化と復号化は、意外なほどに単純です。特に、復号化の式については、なぜこれで元に戻るのか不思議に思われるかもしれません。本書では証明には触れませんが、ここで載せた具体例以外を試してみても、必ず元に戻ることを確かめることができます。

暗号クイズ！

さて、今回は結構ややこしい話になってしまいましたが、最後に、暗号マスターになれたかどうかチェックするためのクイズを出します。以下のRSA暗号を解読してみましょう。文字と番号の対応は次表の通りです。解読に成功しても景品は出ませんが、著者からの秘密のメッセージを受け取れますので、ぜひチャレンジしてみてください！

・公開鍵：(5, 35)

・暗号文1：24 07 09 31 17 00 06 08 32 31 22 14 12 33 23 31 00 12 09 31 23 11 20 09 00 17 08 23 07 31 14 23 23 08 10 12 00 06 09

・暗号文2：24 07 00 13 05 31 19 14 20 31 10 14 12 31 12 09 00 33 08 13 06 31 24 07 08 23 31 01 14 14 05 27

番号	00	01	02	03	04	05	06	07	08
文字	A	B	C	D	E	F	G	H	I
番号	09	10	11	12	13	14	15	16	17
文字	J	K	L	M	N	O	P	Q	R
番号	18	19	20	21	22	23	24	25	26
文字	S	T	U	V	W	X	Y	Z	−
番号	27	28	29	30	31	32	33	34	
文字	!	1	2	3	4	5	6	7	

図表4−i　文字と番号の対応

エピローグ

世界が数でできているとピタゴラスが気付いてから、2500年以上が経ちました。人類は、数学の力を使ってロケットを月まで飛ばし、解読に数千年かかる暗号を生成し、４次元世界に思いを馳せています。物理学者たちは、宇宙の始まりや終わりですら、数式を使って表現しようと研究を続けているのです。

そんな時代に生きる私たちにとって、数学は身近な存在であると同時に、最も遠い存在でもあります。学生時代、数学が大の苦手だったという方も多いのではないでしょうか。学校教育では、数学はどこか無味乾燥で、公式や解き方を覚える暗記科目のように扱われる節があります。数学が持つ本来のうつくしさやおもしろさを感じられないまま、義務的に頭に詰め込んでいくことを強いられていると、「数学なんて、もう見たくもない！」と思うのも無理はないでしょう。

でも、たとえ嫌いになろうと、私たちが数学に支えられて生きていることに変わりはありません。自然、飛行機、ボードゲーム……何気ない日常は、数学で彩られているのです。本書を通じて、学校の教科書に書かれていない数学の魅力を伝えることができたとすれば、それが何よりの喜びです。本書をきっかけとして、数学のうつくしさ、すばらしさを発見してくださる方が少しでも増えていくことを、心から願っています。

最後になりますが、この本は、いろいろな人に支えられて誕生しました。本書のために東奔西走してくださった森鈴香さん（朝日新聞出版書籍編集部）、この本を書くことを熱心に勧めてくださり、原稿への助言やイラスト作成をしていただいた遠山怜さん（アップルシード・エージェンシー）、カバーデザインを担当してくださった杉山健太郎さん、その他、係わった多くの方々に心から感謝します。そして何よりも、ここまで読んでくださった読者の皆様、本当にありがとうございました。

冨島佑允

参考文献

CHAPTER. 1

ビジュアル図鑑『自然がつくる不思議なパターン――なぜ銀河系とカタツムリは同じかたちなのか』
フィリップ・ボール著　桃井緑美子訳　日経ﾅｼｮﾅﾙｼﾞｵｸﾞﾗﾌｨｯｸ社　(2016)

『波紋と螺旋とフィボナッチ』　近藤滋著　学研プラス　(2013)

『雪の結晶はなぜ六角形なのか』　小林禎作　ちくま学芸文庫　(2013)

『フラクタル幾何学(上・下)』　B.マンデルブロ著　広中平祐訳　ちくま学芸文庫　(2011)

フィボナッチの著作『算盤の書』の英訳
　"Fibonacci's Liber Abaci: A Translation into Modern English of Leonardo Pisano's Book of Calculation, Sources and Studies in the History of Mathematics and Physical Sciences", Laurence Sigler, Springer-Verlag (2002)

『フラットランド――たくさんの次元のものがたり』　エドウィン・アボット・アボット著　竹内薫訳
講談社選書メチエ(2017)

CHAPTER. 2

『目で見る美しい量子力学』　外村彰著　サイエンス社　(2010)

『量子力学I』　猪木慶治・川合光著　講談社サイエンティフィク　(1994)

『超複素数入門――多元環へのアプローチ』　I.L.カントール ・ A.S.ソロドフニコフ著
浅野洋監訳　笠原久弘訳　森北出版　(1999)

数学シリーズ『集合と位相』　内田伏一著　裳華房　(1986)

『世界の名著<9>　ギリシアの科学』　藤沢令夫ほか訳　中央公論社　(1972)

エラトステネスについて(アメリカ数学協会)
　"Eratosthenes and the Mystery of the Stades", Newlyn Walkup, The Mathematical Association of America, (https://www.maa.org/press/periodicals/convergence/eratosthenes-and-the-mystery-of-the-stades)

『素数ゼミの謎』　吉村仁著　文藝春秋　(2005)

CHAPTER. 3

『ライフゲイムの宇宙』　ウィリアム・パウンドストーン著　有澤誠訳　日本評論社　(2003)

有名な数式処理システムMathematicaの開発元であるウルフラム・リサーチ社が運営する数学解説サイト "Wolfram Math World" (http://mathworld.wolfram.com/)

『基礎からのベイズ統計学――ハミルトニアンモンテカルロ法による実践的入門』　豊田秀樹編著
朝倉書店　(2015)

CHAPTER. 4

『砂粒を数えるもの』の英訳(カリフォルニア州立大学教授による解説付き英訳)
　https://web.archive.org/web/20040808005307/http://www.calstatela.edu/faculty/hmendel/Ancient%20Mathematics/Archimedes/SandReckoner/SandReckoner.html
　"Mathematics and the Imagination" Edward Kasner and James Newman,

Dover Publications (2001)
カラー版徹底図解『遺伝のしくみ――「メンデルの法則」からヒトゲノム・遺伝子治療まで』
経塚淳子監修　新星出版社　(2008)
『集合と位相』　内田伏一著　裳華房　(1986)

冨島 佑允（とみしま・ゆうすけ）

1982年福岡県生まれ。外資系生命保険会社の運用部門に勤務。
京都大学理学部・東京大学大学院理学系研究科卒（素粒子物理学専攻）。
大学院時代は世界最大の素粒子実験プロジェクトの研究員として活躍。
その後メガバンクにクオンツ（金融工学を駆使する専門職）として採用され、
信用デリバティブや日本国債・日本株の運用を担当し、
ニューヨークでヘッジファンドのマネージャーを経験。
2016年に転職し、現職では10兆円を超える資産の運用に携わる。
2019年に一橋大学大学院でMBA in Financeの学位を取得。
欧米文化に親しんだ国際的な金融マンであると同時に、
科学や哲学における最先端の動向にも精通している。
著書に『「大数の法則」がわかれば、世の中のすべてがわかる！』（ウェッジ）、
『投資と金融がわかりたい人のためのファイナンス理論入門
プライシング・ポートフォリオ・リスク管理』（CCCメディアハウス）、
『この世界は誰が創造したのか――シミュレーション仮説入門』（河出書房新社）がある。

◎著者エージェント
アップルシード・エージェンシー
http://www.appleseed.co.jp
出版、講演、執筆依頼、取材などに関するお問い合わせは、下記まで。
info@appleseed.co.jp

日常（にちじょう）にひそむ うつくしい数学（すうがく）

2019年7月30日　第1刷発行

著　者　冨島佑允
発行者　三宮博信

発行所　朝日新聞出版
〒104-8011 東京都中央区築地5-3-2
電話　03-5541-8814（編集）
03-5540-7793（販売）

印刷所　大日本印刷株式会社

Published in Japan by Asahi Shimbun Publications Inc.
ISBN 978-4-02-331797-0
定価はカバーに表示してあります。